DIANWANG SHEBEI JINSHU JIANDU PEIXUN JIAOCAI

电网设备金属监督

培训教材

国网天津市电力公司电力科学研究院　组编

中国电力出版社
CHINA ELECTRIC POWER PRESS

内 容 提 要

金属监督是电力技术监督的重要组成部分，对保障电网设备安全可靠地运行有着重要作用。为推进电网系统对金属监督的研究和应用，特编写了本书。

本书共分为 6 章，分别为电网设备金属监督概述、金属材料基础知识、金属加工处理工艺、金属检测技术、金属监督检测技术、电网设备故障失效典型案例。

本书既可供从事金属监督的技术人员使用，也可作为高等院校及培训机构师生的参考用书。

图书在版编目（CIP）数据

电网设备金属监督培训教材 / 国网天津市电力公司电力科学研究院组编. —北京：中国电力出版社，2021.8
ISBN 978-7-5198-5706-6

Ⅰ. ①电…　Ⅱ. ①国…　Ⅲ. ①电网–电力设备–金属材料–质量监督–技术培训–教材
Ⅳ. ①TM241

中国版本图书馆 CIP 数据核字（2021）第 108674 号

出版发行：中国电力出版社
地　　址：北京市东城区北京站西街 19 号（邮政编码 100005）
网　　址：http://www.cepp.sgcc.com.cn
责任编辑：罗　艳（yan-luo@sgcc.com.cn，010-63412315）
责任校对：黄　蓓　常燕昆
装帧设计：张俊霞
责任印制：石　雷

印　　刷：北京天宇星印刷厂
版　　次：2021 年 8 月第一版
印　　次：2021 年 8 月北京第一次印刷
开　　本：710 毫米×1000 毫米　16 开本
印　　张：11.75
字　　数：205 千字
印　　数：0001—1000 册
定　　价：59.00 元

编写人员名单

主　　编　张　军

副 主 编　胡青波　　周连升　　管森森　　叶　芳
　　　　　于金山　　刘创华

编写人员　齐文艳　　傅思伟　　张迅达　　李　田
　　　　　方　琼　　甘智勇　　王永宁　　满玉岩
　　　　　刘广振　　李学刚　　张锡喆　　郝文魁
　　　　　王　斌　　于美倩　　于瀚深　　李　岩
　　　　　赵建昊　　骆国防　　周犇侃　　季昌国
　　　　　韩哲文　　余　超　　赵洲峰　　鲁旷达
　　　　　周宇通　　赵　鹏　　于　奔

前　言

金属材料是变压器、隔离开关、输电杆塔等电网设备的重要组成部件，具有承担载流、承力、密封等重要作用，关系电网安全稳定运行。当前金属材料学科在电网设备的应用尚处于初级阶段，电网从业人员对金属材料学知识的掌握十分有限，在设备采购、安装、运检阶段往往重电气性能，轻材质性能，但是，根据大量的电力设备故障分析事例发现，很多设备故障的根源出在设备材质、工艺、安装等问题上。电力运维检修人员材料学知识的匮乏会导致设备部件的金属材料问题难以得到及时发现与有效治理，小问题最后酿成大问题。

在此背景下，为了使广大运维检修人员了解电网设备材料学，掌握电网设备材料检测与缺陷识别基础知识，并且能够更科学、更高效地开展电网设备金属监督工作，提升专业技术人员现场工作的效率与质量，需要开发一套适用于电力设备运维检修人员的内容深入浅出、全面规范的电网设备金属监督培训课件与配套培训教材。

本书在撰写过程中得到了国网天津市电力公司设备管理部、国网冀北电力有限公司电力科学研究院、国网浙江省电力有限公司电力科学研究院、国网上海市电力公司电力科学研究院、国网天津市电力公司蓟州供电分公司、国网天津市电力公司城东供电分公司和国网天津市电力公司滨海供电分公司的大力支持，书中引用了部分电网金属领域公开出版的相关文献资料，在此表示衷心的感谢！

由于时间仓促，编者水平有限，书中难免存在疏漏之处，恳请广大读者批评指正。

编　者

2021 年 4 月

目 录

第 一 章

电网设备金属监督概述

一、金属监督概述

1. 金属监督的含义

电网设备金属监督是电力技术监督的一部分，特指以输变电设备部件的材质和装配性能为主要监督对象的技术监督。电网设备金属监督的主要内容是在规划可研、工程设计、设备采购、设备制造、设备验收、设备安装、设备调试、竣工验收、运维检修、退役报废等全过程中，依据相关技术标准和措施，采用有效的检测、试验、抽查和核查资料等手段，对电气设备的金属、电瓷等部件、结构件、压力容器及其部件、焊接件、压接件，进行材质、组织和性能变化、连接质量、安全状况、运行风险和寿命评估，并反馈到发展、基建、运检、营销、科技、信通、物资、调度等部门，以确保电网设备安全可靠经济运行。

2. 金属监督的意义

金属技术监督自 20 世纪 50 年代在电网中开展，经过几十年的发展，其监督体系在发电、输电及变电等领域日趋完善，在监督技术发展、失效分析、检测及评价等方面做了大量的工作，发挥了重要的作用。

金属材料是电网设备的基础，其性能直接影响电网设备的安全性和可靠性。严格执行电网设备金属技术监督工作，对金属材料的性能和状态进行管控，能够有效地防止因设计缺陷、选材不当、材质不良、焊接缺陷、防腐性能不佳、安装不当、结构受力不均等因素引起的各类故障、事故，可以及时发现、消除设备隐患，提高输变电设备质量和抵抗安全风险的能力，是建立坚强智能电网、保障电网安全经济运行、向用户提供优质电能的基础。

将电网设备金属监督贯穿到设计、制造、设备出厂验收等不同阶段，可以在设备安装前排查出不合格设备，最大程度保证合格产品上网，从而保证电网设备的安全。另外，对电网设备进行金属技术监督，还能为电力管理、生产、运行部门的科学决策提供重要依据。

3. 金属监督的现状

近年来，电网向高电压等级、远距离输送、高自动化水平、能源互联网的方向发展，对电网设备金属部件的可靠性要求也越来越高。大量的运行经验表明，如对电网设备的金属材料疏于管控，会导致设备频繁发生腐蚀、变形、开裂等缺陷，严重影响电网设备的运行安全，造成巨大的经济损失和社会影响。但是，由于材料科学在电网设备监督中的应用尚处于起步阶段，电网的运维检修等人员具备丰富的电力系统知识，却对金属材料知之甚少，很可能把带缺陷的材料、不合格的焊接等应用到设备上，当电网设备的材料或安装出现问题时缺乏有效的维护手段，不能及时发现设备故障隐患，也无法找到问题的真正原因，对设备金属材料的认知基本停留在机械故障的修复和替换上，这将直接影响到设备的质量，为今后设备运行留下安全隐患。

近年来，各网省公司都在摸索和探讨中逐步开展电网金属技术监督工作，在从业人员金属材料知识缺乏、相关设备及人员数量不足的情况下，如何深入、有效地开展电网金属技术监督工作，是当前要探索并着力解决的主要问题。

金属技术监督是将电网设备专业与金属材料专业相结合的过程，既要了解电网设备的电气性能，还要了解设备的材料性能、材料加工成型工艺、检测试验方法，是一项综合性、技术性要求很高的工作。因此，要深入开展金属技术监督工作，首先应从认识上和管理上着手，逐步健全金属技术监督体系，将电网设备和金属材料两个专业进行技术融合，消除以往只能由金属专业人员进行金属技术监督的固定看法，在电气专业人员中推行普及金属技术监督理念，将金属试验与电气性能试验同等开展。

更重要的是，对从事金属监督工作的人员进行专业知识和技能培训，使其不仅了解材料的基础知识，还熟悉并掌握常用的理化检验及无损检测方法，为关键人员配备相应的检测仪器，并要求金属监督人员积极参与电网设备金属材料的失效分析、检测工作，通过每年不定期地开展技术交流，汇报监督中的典型案例与新技术应用等方式，将金属监督工作循序渐进、有序深入到电网设备的日常运维检修中，使其最大程度地发挥排查设备隐患、保障设备质量、提升设备本质安全、保障电网安全稳定运行的作用。

4. 金属监督工作的要求

为了进一步细化和明确金属技术监督工作的内容和要求，国家电网公司颁布了 Q/GDW 11717—2017《电网设备金属技术监督导则》，其中明确了电网设备金属技术监督的对象为杆塔、构架、电力金具、变压器、电抗器、断路器、隔离开关、接地开关、互感器、气体绝缘金属封闭式电气设备、开关柜、绝缘子、套管、导地线、接地网和附属部件等电网设备，也对各个设备（部件）对象从金属材料的选用、腐蚀防护、焊接成型、紧固件连接、液压压接、无损检测、结构强度等方面提出了具体的监督要求。

二、电网设备金属监督内容

1. 电网设备金属监督常用检测技术

电网设备金属监督常用的检测技术有超声波检测、射线检测、渗透检测、磁粉检测、镀层质量检测、光谱分析、力学性能测试、金相检验技术、宏观及微观检测技术、相控阵超声检测、DR 射线检测等检测技术，其中超声波、射线、渗透和磁粉检测为无损检测技术，镀层、光谱、力学和金相为理化检测技术。

（1）超声波检测（ultrasonic testing，UT）是利用超声波在介质中传播时遇到异质界面发生反射、透射和散射的特性来检测物体内部缺陷，具有灵敏度高、指向性好、穿透能力强、检测速度快等优点。

（2）射线检测（radiographic testing，RT）是利用 X 射线、γ 射线和中子射线穿透物体后的衰减程度不同，根据胶片感光程度的不同来检测物体内部缺陷，并对缺陷种类、大小、位置等进行判断。射线检测主要适用于体积型缺陷如气孔等的检测，在特定条件下也可检测裂纹、未焊透、未熔合等缺陷。

（3）渗透检测（penetrant testing，PT）是基于毛细管现象检测非多孔性固体材料的表面开口缺陷。渗透检测具有方法简单、成本低廉、缺陷显示直观、检测灵敏度高等优点。

（4）磁粉检测（magnetic particle testing，MT）是利用缺陷产生的漏磁场与磁粉相互作用显示磁痕，用于检测铁磁性材料表面和近表面缺陷。磁粉检测可检测裂纹、折叠、夹层、夹渣等缺陷，具有操作方便、检测速度快、对裂纹敏感和缺陷显示直观快速的优点。

（5）镀层质量检测是采用不同的测试手段针对镀层的厚度、硬度、附着强度、均匀性、耐蚀能力等参数进行测量，用以评定镀层质量好坏。

（6）光谱分析是基于物质发射的电磁辐射及电磁辐射与物质的相互作用而建立起来的分析方法。通过光谱的研究，人们可以得到物质组成方面的信息，为化学分析提供了多种重要的定性与定量的分析方法。

（7）力学性能测试是指在不同的环境（温度、介质、湿度）下对材料施加外加载荷（拉伸、压缩、弯曲、扭转、冲击、交变应力等），测试材料在外加载荷下表现出的力学特征的方法。

（8）金相检验技术是通过观察材料的微观组织状态分析材料的冶金质量、老化状态、缺陷的扩展状态等信息，为评估材料运行状态、老化情况，分析材料失效原因等提供依据。

（9）宏观及微观检测技术是使用显微镜、扫描电镜等技术手段对材料的裂纹、内部缺陷、断口、腐蚀产物等进行分析，主要使用在电网设备故障分析中，为设备的缺陷产生原因、断裂原因、断口发展、腐蚀情况等提供判断依据。

2. 电网设备金属监督范围

电网设备金属监督范围包括电气设备的金属部件、金属构架、绝缘部件、压力容器、焊接件、压接件等，主要监督对象包括：

（1）输变电钢结构（输电线路铁塔、钢管塔及变电站钢结构）、连接紧固件。

（2）导线、地线、金具及线路绝缘子等输电设备。

（3）变压器的油箱、冷却器等重要金属构件。

（4）隔离开关的导流金属部件、金属传动（联动）件及重要附件。

（5）高压支柱绝缘子、瓷套及其重要附件。

（6）铝母线及其重要附件。

（7）接地网金属部件。

（8）压力容器［GIS 本体设备（SF_6 气室）、气动机构的储气筒、液压机构的储气筒、压缩空气储罐、消防装置中的气压给水/泡沫压力罐］。

（9）焊接、压接等连接件。

（10）其他重要金属部件。

3. 电网设备金属监督阶段及检测内容

金属监督是全过程、全方位的管理工作，应该贯穿到电气设备规划可研、工程设计、设备采购、设备制造、设备验收、设备安装、设备调试、竣工验收、运维检修、退役报废各个阶段，监督设备的健康水平和安全质量、经济运行等方面的重要参数、性能和指标。下面简要介绍设计、制造、安装、运维检修过程中的监督要点。

（1）设计阶段的监督。主要工作是评定设备的材料选用、结构设计（如钢结构件）、防腐性能等方面的设计是否合理，是否满足国家、行业和公司有关标准等，避免材料的设计工况与现实工况出现较大差异。

（2）制造阶段的监督。主要工作是对设备材质质量、制造工艺、加工焊接质量和防腐工艺进行监督，其中材质、焊接质量是该阶段监督的重点，原材料的材质检验、焊接工艺评定、成品抽检试验等是制造阶段金属技术监督的主要内容。

（3）安装阶段的监督。主要围绕镀层质量、防腐涂层质量、紧固件连接工艺、焊接质量检测等开展，监督重点包括：

1）合金钢部件 100%光谱材质复核。

2）金属部件镀锌层、防腐涂层质量检测。

3）导电触头镀银层质量检测。

4）重要金属构件及其焊缝无损检测。

5）瓷质绝缘子、套管的超声波探伤。

6）重要紧固件的力学性能、无损检测。

7）铝母管安装焊接工艺评定和焊接接头的质量检测。

8）导线及金具压接质量检测。

9）安装中使用代用材料时的监督与检测。

10）根据施工现场条件制定不同材料设备的保管措施，防止材料发生变形、变质、腐蚀、损伤，不锈钢部件应单独存放，严禁与碳钢混放或接触，PVC 材料应放在避光处等。

（4）运维检修阶段的监督。主要任务是在役设备腐蚀情况监测、结构件及连接件受力情况监测、设备故障隐患早期发现、设备失效原因分析及制订反事故措施等，具体监督内容如下：

1）对角钢塔、钢管塔、钢构架、重要紧固件、重要电力金具、绝缘子等在投运一年后进行外观检查，正常运行后，结合状态检修每五年至少检查一次。

2）对角钢塔、钢管塔、钢构架、重要紧固件、重要电力金具、绝缘子等的表面缺陷、腐蚀情况进行宏观检查，必要时做无损探伤或取样抽检。发现超标缺陷或腐蚀严重时，应及时更换，尤其是沿海地区和工业污染区的金属构件。

3）对重要连接焊缝的检查，如铜铝过渡连接焊缝、铝母管连接焊缝、输电线路杆连接焊缝、钢管塔角焊缝，检查是否因受力不均、疲劳载荷、焊接缺陷等引发再生缺陷。

4）根据《72.5kV 及以上高压支柱绝缘子运行管理规范》的要求，运行变电站的支柱绝缘子必须定期进行超声波检验，其检验周期为：

a. 新投用设备运行一年后须进行检测。

b. 72.5kV 及以上电压等级支柱瓷绝缘子自投用之日起，每三年为一个检测周期，三个周期后检测周期缩短为一年，检测率为 100%。

c. 新使用和新更换的支柱瓷绝缘子投用前须进行超声波检测，检测合格后方可投用。

5）压力容器的检查：

a. 在用压力容器每年至少进行一次运行中的在线检查，检查内容可参照 TSG R7001。

b. 检修时对压力容器的壳体、焊缝表面进行 100%宏观检查，检查表面有无裂纹、腐蚀，必要时进行壁厚抽测及焊缝无损检测抽查。

6）失效原因分析及反事故措施制订：深入查找、调查、分析设备失效原因，事故发生是个例还是家族性缺陷，编写事故分析报告，提出处理对策，并制订预防事故措施。

第二章

金属材料基础知识

第一节 金属材料概述

一、金属的定义

金属是一种具有光泽和延展性，同时具备导电性、导热性、热加工特性和固定熔点特征的结晶物质。导电性是非金属的 1020～1025 倍，随温度的降低而增加；加工特性良好，可塑、可焊、可铸、可切削。

在自然界中，绝大多数金属以化合态存在，少数金属以游离态存在。金属矿物多是氧化物及硫化物，其他存在形式有氯化物、硫酸盐、碳酸盐及硝酸盐。金属之间的连接是金属键，因此随意更换位置也可再重新建立连接，这也是金属延展性良好的原因。

二、金属的分类

金属按纯度可以分为纯金属和合金：纯金属是指具有金属特征单一的、基本不含任何杂物的物质，如 Fe、Cu、Al 等；合金指含两种或两种以上的纯金属，或者纯金属和非金属组成的新物质，如 Cu 和 Zn 组成的黄铜、Fe 和 C 组成的钢均属于合金。

金属按颜色可以分为黑色金属和有色金属：Fe、Cr、Mn 属于黑色金属；除黑色金属以外的其他金属及合金都是有色金属。

金属按密度分轻金属和重金属：密度 $<4.5g/cm^3$ 的金属都是轻金属，如 Al、Mg、Ca、Na 等；密度 $>4.5g/cm^3$ 的是金属重金属，如 Fe、Cu、Zn 等。

三、金属材料的性能

在日常生活和工程设备中，所应用的金属材料是多种多样的。金属的性能是选择和使用材料的依据。金属的性能包括使用性能和工艺性能。使用性能是指材料的物理、化学性能和力学性能；工艺性能是指金属的铸造性能、锻造性能、焊接性能、热处理性能和切削性能。

1. 金属材料的工艺性能

金属制品和机械零件在制造过程中要经过冶炼、铸造、锻造（或铆焊），以及切削加工和热处理等一系列的工艺过程。金属材料适应冷热加工的能力，称为加工工艺性能，简称工艺性能。工艺性能好的材料易于承受加工，生产成本低；工艺性能差的材料在承受加工时工艺复杂、困难，不易达到预期的效果，加工成本也高。

（1）铸造性能。金属材料的生产，多数是通过冶炼、铸造而得到的，如各种机械设备的底座、发电机的机壳、阀门等。液体金属浇注成型的能力，称为金属的铸造性能。它包括流动性、收缩率和偏析倾向等。

流动性是指金属对铸型填充的能力。金属的流动性好，可以浇注成外观整齐、薄而形状复杂的零部件。在常见的金属材料中，铸铁的流动性优于钢，青铜的流动性比黄铜好，可以很容易地制造各种零件。

收缩率是指铸件冷凝过程中体积的减少率，称为体积收缩率。金属自液态凝结成固态时体积会减少，使铸件形成缩孔和疏松，即形成集中或分散的孔洞，严重影响金属零件的质量。铸件或铸锭集中的孔洞叫做缩孔，铸件在造型时应预留冒口，以便将缩孔留在冒口内，铸后将冒口切掉。疏松是数量很多而分散的小缩孔，缩孔和疏松都使材料的性能下降，甚至导致失效。收缩率大的金属，形成缩孔和疏松的倾向大。

铸件冷凝时，由于种种原因会造成化学成分的不均匀，叫做偏析。偏析使整体冲击韧性降低，质量变坏。

缩孔、疏松和偏析等铸造缺陷都是不允许产生的，在生产过程中应予以消除。

（2）锻造性能。材料承受锻压成型的能力，称为可锻性。金属的锻造性能可用金属的塑性和变形抗力（强度）来衡量。金属承受锻压时变形程度大而不产生裂纹，其锻造性能就好。换句话说，金属承受锻压时变形抗力（变形时抵抗外力的大小）越小，即锻压时消耗的能量越小时，其锻造性能就越好。金属的锻造性能取决于材料的成分、组织和加工条件，如锻造温度（始锻、终锻温度）、变形速度、应力状态等加工条件。通常碳钢具有较好的可锻性，低碳钢的可锻性最好。随着含碳量的增加，钢的可锻性降低。合金钢的可锻性略逊于碳钢。一般情况下，合金钢中合金元素含量越多，其可锻性越差，铸铁则不能承受锻造加工。

金属的冷热弯曲性能也取决于材料的塑性和强度。材料承受弯曲而不出现裂纹的能力，称为弯曲性能。一般用弯曲角度或弯心直径与材料厚度的比值来衡量弯曲性能。

（3）焊接性能。金属材料采用一定的焊接工艺、焊接材料及结构形式获得优质焊接接头的能力，称为金属的焊接性，也称为可焊性。

金属的焊接性能主要取决于材料的化学成分，也取决于所采用的焊接方法、焊接材料（焊条、焊丝、焊药）、工艺参数、结构形式等。衡量一种材料的焊接性，需要做焊接性试验，其方法是按国家标准焊接成十字形试样，再切片检验或做力学性能试验。钢的焊接性还可用碳当量方法进行估算。影响钢的焊接性能的主要因素是钢的含碳量，随着含碳量的增加，焊后产生裂纹的倾向增大。钢中其他合金元素的影响相应小些。

（4）切削性能。金属零件往往要经过机械加工成型，如车、铣、刨、磨、钻等。金属材料承受切削加工的难易程度，称为切削性能。切削性能不但包括能否得到高的切削速度、是否容易断屑，还包括能否获得较高的光洁度、表面质量如何等。

金属的切削性能与材料及切削条件有关，如纯铁很容易切削，但难以获得较高的光洁度；不锈钢可在普通车床上加工，但在自动车床上却难以断屑，属于难加工材料。通常，材料硬度低时切削性能较好，但是对于碳钢来说，硬度如果太低，容易出现"粘刀"现象，光洁度也较差。一般情况下，金属承受切削加工时的硬度在 HB170～230 为宜。

2. 金属材料的力学性能

力学性能是指金属材料在外力作用下所表现出来的抵抗变形和破坏的能力以及接受变形的能力，旧称为机械性能。机械设备能否安全运行，在很大程度上取决于金属材料的力学性能。

金属在常温时的力学性能指标有强度、塑性、韧性、硬度、断裂韧性等。这些性能指标均是通过一定的试验方法测试出来的。常规力学性能，如强度、塑性、硬度和韧性等；高温性能，如抗蠕变性能、持久强度、瞬时强度和热疲劳性等；低温性能，如低温冲击韧性、脆性转变温度等。

（1）强度和塑性。强度是指金属在受到外力作用时抵抗变形和破坏的能力。金属材料由于受力、变形及破坏情况不同，强度可分为抗拉强度、抗压强度、抗弯强度、扭转强度、剪切强度和疲劳强度等。由于某些特殊用途的轻质高强度材料的出现，又出现比强度（强度/比重）的概念。

屈服强度可分为上屈服强度和下屈服强度，上屈服强度是指试样发生屈服而外力首次下降前的最高应力，用 R_{eH} 符号表示；下屈服强度是指在屈服期间不计初始瞬时的最低应力，用 R_{eL} 符号表示。

一般机械零件和工程结构件都不允许在使用中产生塑性变形，否则会因失效而发生事故，所以屈服强度是机械设计和工程设计中的重要依据。抗拉强度 R_m 也是机械设计和工程设计的重要依据。

工程上以材料的断后伸长率或断面收缩率确定材料的塑性。断后伸长率用符号 A 表示的，断面收缩率则用符号 Z 表示。塑性很差的材料称为脆性材料，一般认为 $A < 5\%$ 的材料称为脆性材料。

（2）硬度。硬度是金属表面局部体积内抵抗外物压入的能力，即材料抵抗局部塑性变形的能力。它可以作为衡量材料软硬程度的指标。硬度试验较之拉伸试验有许多优点，首先，它一般可以不必像拉伸试验那样将材料制成试样再做破坏性试验，只在工件表面进行试验即可；其次，硬度试验特别适合于脆性材料，如淬火钢、硬质合金和表面硬化处理的材料；最后，硬度试验方法简便，对工件的试验条件要求不高，塑性材料的硬度值还可以近似地换算成强度指标。

（3）冲击韧性。机械零件在工作中除受静外力的作用之外，有时还承受动外力（有一定速度的冲击外力）的作用，用冲击韧性来衡量材料抵抗冲击性外力而不破坏的能力。

对于标准试样，通常都直接用 A_K 表示其韧性。一般金属材料的 A_K 值大致为：灰铸铁、淬火的高强钢，$A_K < 8J$；未淬火、回火的中碳钢，$A_K = 24 \sim 40J$；淬火、回火后的碳钢及合金钢，$A_K = 40 \sim 120J$。显然，材料的冲击韧性受材料的强度、塑性综合影响。

四、电气设备常见材料

电气设备因用途不同和服役环境的不同常要求采用不同种类的材料。常用材料有碳素结构钢、低合金高强钢、不锈钢、铝及铝合金、铜及铜合金等，譬如输变电线路杆塔、架构和紧固件常常采用碳素结构钢与低合金高强钢；GIS 设备根据电压等级的不同常采用不锈钢或铝合金；隔离开关连杆、轴销、操动机构端子箱等要求具有良好防锈蚀作用的设备或部件常采用不锈钢、铝及铝合金、铜及铜合金等材料。下面分别对这几种常用材料的性能进行介绍。

1. 不锈钢

在自然环境中或一定工业介质中具有耐腐蚀性的一类钢称为不锈钢，是不锈钢和耐酸钢的统称。它们在化学成分上的共同特点是含有 12%以上铬的以铁为基的合金。历史上工业用不锈钢的重大发明有：1912～1913 年英国发明了铬含量为 12%～13%的马氏体不锈钢；1912～1914 年美国发明了碳含量为 0.07%～0.15%、铬含量为 14%～16%的铁素体不锈钢；1912～1914 年德国发明了碳含量小于 1%、铬含量为 15%～40%、镍含量小于 20%的奥氏体不锈钢。在此三大类型不锈钢出现后，20 世纪 30 年代在法国又发明了奥氏体-铁素体双相不锈钢。不锈钢的研究开发近年来取得了重大进展，出现了化学成分和性能上有独特之处且工业上已获得应用的一些钢种。电气设备中拉杆、夹具、闸刀、拐臂等很多工具采用的都是不锈钢。

2. 结构钢

结构钢是一类含碳量为 0.05%～0.70%的碳素钢，个别高达 0.90%。电网中主要用于铁塔承重部件、金具紧固用螺栓和螺母等机械零件。

这类钢主要保证力学性能，故其牌号体现其力学性能，用 Q+数字表示，其中"Q"为屈服点"屈"字的汉语拼音字首，数字表示屈服点数值，例如 Q275 表示屈服点为 275MPa，若牌号后面标注字母 A、B、C、D，则表示钢材中 S、P 的含量依次降低，钢材质量依次提高。在牌号后面标注字母"F"的是沸腾钢（脱氧不完全的钢）；标注"b"的是半镇静钢（脱氧程度介于沸腾钢和镇静钢之间）；不标注"F"和"b"者的是镇静钢（完全脱氧钢）；还有一种比镇静钢脱氧更充分彻底的钢，代号"TZ"。例如 Q235-A.F 表示屈服点为 235MPa 的 A 级沸腾钢，Q235-C 表示屈服点为 235MPa 的 C 级镇静钢。

碳素结构钢一般情况下都不经过热处理，在供货状态下直接使用。通常 Q195、Q215、Q235 钢碳的质量分数低，焊接性能好，塑性、韧性好，有一定强度，常轧制成薄板、钢筋、焊接钢管等，用于输变电工程杆塔或构架和制造普通螺栓、螺母等零件，其中 Q235 在杆塔和构架的辅材中比较常见。Q255 和 Q275 钢强度较高，塑性、韧性较好，可进行焊接，通常轧制成型钢、条钢和钢板用于结构件以及制造简单机械的连杆、齿轮、联轴节、销等零件。

具体化学成分和力学性能可参考 GB/T 700—2006《碳素结构钢》和 DL/T 284—2012《输电线路杆塔及电力金具用热浸镀锌螺栓与螺母》。

3. 低合金高强钢

低合金高强钢（high-strength low alloy steels）是一类可焊接的低碳工程结

构用钢。其碳含量通常小于 0.25%，指在冶炼过程中增添一些合金元素、总量不超过 5%的钢材。加入合金元素后钢材强度可明显提高，使得钢结构构件的强度、刚度、稳定三个主要控制指标都能充分发挥，尤其在大跨度或者重负荷结构中优点更为突出，一般可比碳素结构钢节约 20%左右用钢量。

国家标准中规定，低合金高强钢可分为 8 个牌号，即 Q345、Q390、Q420、Q460、Q500、Q550、Q620、Q690；由于质量不同又分成 A、B、C、D、E 五个等级。其中，Q345 在高等级电力线路杆塔和构架的主材中使用较多，Q420 则常见于超高压线路铁塔的塔腿部分，例如舟山特高压线 370m 高塔采用的就是 Q420，而 Q460 是举办北京奥运会的"鸟巢"的主体建材。

低合金高强钢的具体化学成分和力学性能可参考 GB/T 1591—2008《低合金高强度结构钢》，已取代 GB/T 1591—1994，主要变化是增加了 Q500、Q550、Q620、Q690 的强度级别，取消了 Q295 强度级别。

4. 铝及铝合金

原铝在市场供应中统称为电解铝，是生产铝材及合金材的原料。纯铝密度为 $2.705×10^3kg/m^3$，熔点在 660.4℃左右，是强度低、塑性好的金属。除应用部分外，为了提高强度或综合性能，铝更多的被配成合金使用。加入合金元素后，铝的结构和性能发生改变，适宜作为各种加工材料或铸造零件。合金元素添加量为 8%～25%，常加 Si、Mg、Mn、Cu、Zn、Ni、Re 等。铝合金根据加工工艺不同，可以分为变形铝合和铸造铝合金。变形铝合金又分为工业纯铝、热处理不可强化的铝合金和热处理可强化的铝合金；铸造铝合金适用于熔融状态下充填铸型获得一定形状和尺寸铸件毛坯的铝合金，可分为铝硅系、铝铜系、铝镁系和铝锌系。

目前铝合金广泛应用于电气设备各种金具、管母线、线夹、连杆、GIS 筒体、导线等。铝合金按照牌号可分为 9 类，即 1～9 系。

1 系：1000 系列铝合金代表为 1050、1060、1100 系列。纯度可以达到 99.00%以上，是目前常规工业中最常用的一个系列，一般称为纯铝。

2 系：2000 系列铝合金代表 2024、2A16（LY16）、2A02（LY6）。2000 系列铝板的特点是硬度较高，其中以铜元素含量最高，一般为 3%～5%。

3 系：3000 系列铝合金代表以 3003、3A21 为主。3000 系列铝棒以 Mn 元素为主要添加成分，含量为 1.0%～1.5%，防锈功能较好。

4 系：4000 系列铝棒代表有 4A01。4000 系列的铝板中 Si 含量通常为 4.5%～6.0%。特点是低熔点、耐蚀性好，耐热、耐磨。

5 系：5000 系列铝合金代表有 5052、5005、5083、5A05 系列。5000 系列属于较常用的合金铝板系列，主要添加元素为 Mg，其含量为 3%～5%，又可以称为铝镁合金。主要特点为密度低、抗拉强度高、延伸率高、疲劳强度好，但不可做热处理强化。

6 系：6000 系列铝合金代表为 6061、6063 等，主要含 Mg 和 Si 两种元素。是一类冷处理铝锻造产品，容易涂层，加工性能好。适用于对抗腐蚀性、氧化性要求高的场合。

7 系：7000 系列铝合金代表为 7075。主要添加有 Zn 元素，属铝镁锌铜合金、超硬铝合金，可做热处理、有良好的耐磨性和焊接性，但耐腐蚀性较差。

8 系：8000 系列铝合金较为常用的为 8011。属于其他系列，大部分应用为铝箔，生产铝棒方面不太常用。

9 系：9000 系列铝合金是备用合金，不常见。

用于 GIS 筒体外壳的常见铝材有：铝板 5A05－H112、5083－H112 属于 5 系，5052 有用于电气设备中的 GIS 筒体材料；锻铝 6A02－7T6、6063－T6 属于 6 系，6063－T6 在变电站电流互感器开关侧导流板上有应用，6061 可用于制造线夹抱箍；合金铝板 2A12－112 属于 2 系；铸铝壳体用 ZL101A 属于 1 系，用于制造电力夹具，ZL101H－T6 则用于电力行业中的 GIS 导电杆，均压环的 1050A 也属于 1 系；断路器支架采用的 7A04－H12 铝合金是一种超硬铝合金，属于 7 系。

具体牌号和技术要求参见 GB/T 3190《变形铝及铝合金化学成分》和 GB/T 1173《铸造铝合金》。

5. 铜及铜合金

铜是人类最早使用的金属。纯铜的密度是 8.94g/cm^3，熔点为 1083℃，面心立方结构，无同素异构转变，具有优良的导电性、导热性、延展性和耐蚀性。在电气设备中主要用于制造发电机、变压器绕组、开关触头、母线、电缆、导电杆等。

纯铜通常呈紫红色，故称紫铜。紫铜具有好的导电、导热、耐蚀和可焊接等性能，可在冷、热条件下压力加工成各种半成品，在工业上用于制备导电、导热和耐蚀等器材。

为了进一步改善铜的性能，有时需添加某些其他微量元素。合金元素固溶于铜，使铜的导电性和导热性降低较多，而呈第二相析出使铜的导电性和导热性降低较少。但无论是无氧铜还是脱氧铜，所含杂质及微量元素均会在不同程度降低铜的导电性和导热性。

除了纯铜以外的铜合金通常分为黄铜、青铜和白铜三类。具体牌号和技术要求参见 GB/T 20078—2006《铜和铜合金锻件》。

换流站的管母线材质是 LDRE，又称金属复管母线，采用空心管状铜管或铝管做导体，用三层共挤的新技术在铜管外表面包覆三层特殊的高分子材料。这种新型母线与传统的矩形铜排母线相比，具有载流量大、集肤效应低、功率损耗小、散热条件好、温升低、电气绝缘性能强等特点，是近几年已被发达国家普遍认可的新型产品。

铜也是电气设备中被最广泛采用的触头材料之一，但铜触头在受热情况下表面易氧化，且纯铜硬度较低，在电弧作用下易熔焊，使触头发生相互焊接的问题。目前可以通过与其他金属形成合金的方式来改善纯铜触头材料性能的不足，如银—铜合金。还有一种将不同金属材料粉末混合一起烧制成型的金属陶瓷触头，能保留混合材料各自的性能，充分发挥它们原有互不相同的性能。常用的有铜—石墨、铜—钨等。

（1）黄铜。黄铜是以铜锌为基的合金，锌含量的提高会导致合金导电性和导热性下降，强度和硬度提高。黄铜的牌号第一个字母用"H"表示，后面两位表示黄铜的平均含量。

低锌黄铜有 H6、H90、H85，具备良好的导电、导热、耐蚀，易冷热加工，可做冷凝管、散热片、导电部件。

三七黄铜有 H70、H68，特点是高塑性、高强度，冷成形好，适用于冷冲压、深拉法制造形状复杂零件，可做弹壳、炮弹筒。

H62 是 α+β 二相黄铜，具备高强度、热成形好、塑性较好、易切削等优点，应用较广，可用做水管、油管、导波管、螺帽。

H509 具备足够稳定的力学性能，多用做焊条、热冲压件。电气设备中出线套管线夹所用的 HPb59-1 就是这一系列中的铅黄铜，这里的牌号代表铜含量59%左右，铅含量 1%左右。这种铅黄铜可切削性好，有良好的力学性能，对一般腐蚀有良好的稳定性，但有腐蚀破裂倾向。目前在用的电气设备中就有线夹取材是 591 黄铜。

（2）青铜。青铜是我国使用最早的合金，至今已有 3000 多年的历史。原指铜锡合金，后来除黄铜、白铜以外的铜合金均可称为青铜。这里重点介绍电气设备中用到的锡青铜和铍青铜。锡青铜主要特点是耐磨、耐蚀、弹性好、铸件收缩小。铍青铜是指含铍 0.6%～2.5%的铜合金，是一种过饱和固溶体铜基合金；

抗拉强度为 1250～1500MPa，屈服强度为 700～800MPa，其力学性能相当于一般合金弹簧的水平，导电和导热性能好。

（3）白铜。普通白铜指以镍为主要添加元素的铜合金。工业用白铜分为结构白铜和电工白铜两大类：① 结构白钢。该类白铜力学性能和耐蚀性好，色泽美观，可焊接，多用于制造冷凝管、蒸发器。主要包括铁白铜、锌白铜。② 电工白铜。电力行业使用较多，一般有良好的热电性能，根据含锰量不同分康铜、锰铜、考铜。

第二节　不　锈　钢

不锈钢是指一些在空气、水、盐水、酸、碱等腐蚀介质中具有高的化学稳定性的钢。GB/T 20878—2007 定义为：以不锈、耐蚀性为主要特性，且铬含量至少为 10.5%（质量分数，下同），碳含量最大不超过 1.2% 的钢。有时把仅能抵抗大气、水等介质腐蚀的钢叫做不锈钢，而把在酸、碱等介质中具有抗腐蚀能力的钢称为耐酸钢。能抵抗大气、水等介质腐蚀的不锈钢不一定耐酸，而耐酸钢肯定能抵抗大气、水等介质腐蚀，习惯上把两者都称为不锈钢。不锈钢在耐蚀性、力学性能和工艺性有一定的要求：

（1）较高的耐蚀性。耐腐蚀性是不锈钢的主要性能，耐腐蚀是相对于不同介质而言的。目前还没有能抵抗任何介质腐蚀的钢，一般都要求不允许有晶界腐蚀和点蚀产生。

（2）具有一定的力学性能。很多构件是在腐蚀介质下承受一定的载荷，所以不锈钢的力学性能要高，构件的重量要轻。

（3）有良好的工艺性。不锈钢有管材、板材、型材等类型，常常要经过加工变形制成构件，因此不锈钢的工艺性也很重要，主要有焊接性、冷变形性等。

就钢本身的耐腐蚀性而言，提高钢耐腐蚀性能的途径主要有：

（1）加入合金元素 Cr、Al、Si 可有效帮助钢的表面形成稳定的保护膜。

（2）加入 Cr、Ni、Si 等元素，可提高不锈钢固溶体的电极电位或形成稳定的钝化区，降低微电池的电动势，但 Ni 是贵而紧缺的元素，Si 元素容易使钢脆化，Cr 是比较理想的合金元素。

（3）加入足够的 Ni、Mn 可使钢得到单相奥氏体组织，可降低微电池的数量。

（4）采用机械保护措施或覆盖层，如电镀、发蓝、涂漆等方法。

一、不锈钢的组织与分类

1. 合金元素对组织的影响

合金元素对不锈钢组织的影响基本上可分为两大类：铁素体形成元素，如Cr、Mo、Si、Ti、Nb 等；奥氏体形成元素，如 C、N、Ni、Mn、Cu 等。当这两类作用不同的元素同时加入到钢中时，不锈钢的组织就取决于它们综合作用的结果。为简单处理，可把铁素体形成元素的作用折算成铬的作用，称为铬当量 [Cr]，而把奥氏体形成元素的作用折算为镍的作用，称为镍当量 [Ni]。铬当量 [Cr] 和镍当量 [Ni] 的计算可修正或扩大为

$$[Cr] = Cr + 1.5Mo + 2Si + 1.5Ti + 1.75Nb + 5.5Al + 5V + 0.75W$$
$$[Ni] = Ni + Co + 0.5Mn + 30(C + N) + 0.3Cu$$

式中，合金元素为质量分数。

要获得单相奥氏体组织，必须使这两类元素达到某种平衡，否则钢中就会出现一定量的铁素体，成为复相组织。一般情况下，铁素体形成元素在铁素体中的含量高于钢的平均含量，而奥氏体形成元素在奥氏体中的含量高于铜的平均含量。

2. 不锈钢的分类

不锈耐蚀钢的基本组织，可分为五大类。

（1）马氏体不锈钢。基体为马氏体组织，有磁性，通过热处理可调整力学性能的不锈钢。马氏体不锈钢主要有 Cr13 型不锈钢（12Cr13、20Cr13、30Cr13和 40Cr13 等）、14Cr17Ni2 和 95Cr18 等。

（2）铁素体不锈钢。基体以铁素体组织为主，有磁性，一般不能通过热处理硬化，但冷加工可使其轻微强化的不锈钢，如 06Cr11Ti、10Cr17Mo、008Cr27Mo 等。

（3）奥氏体不锈钢。基体以奥氏体组织为主，无磁性，主要通过冷加工使其强化（但可导致一定的磁性）的不锈钢。其中铬镍奥氏体钢有 06Cr19Ni10、06Cr18Ni11Ti、022Cr19Ni10N、06Cr18Ni12Mo2Cu2 等，铬锰镍氮奥氏体钢有12Cr18Mn9Ni5N、20Cr15Mn15Ni2N 等。

（4）奥氏体–铁素体复相不锈钢。基体兼有奥氏体铁素体两相组织（其中较少相体积分数一般大于 15%），有磁性，可通过冷加工强化，如 12Cr21Ni5Ti、022Cr19Ni5Mo3Si2N、022Cr25Ni6Mo2N 等。

（5）沉淀硬化不锈钢。基体为奥氏体或马氏体组织，并能通过时效硬化处

理使其强化的不锈钢。经过适当热处理后，可发生马氏体相变，并在马氏体基体上析出金属间化合物，产生沉淀强化。这类钢属于高强度或超高强度不锈钢，如 05Cr17Ni4Cu4Nb、07Cr17Ni7Al、09Cr17Ni5Mo3N 等。

二、影响不锈钢组织和性能的因素

1. 常用合金元素的作用

（1）铬元素的作用。Fe、Cr 的原子半径分别为 0.25nm、0.256nm，二者非常接近。Fe、Cr 的电负性分别为 1.8、1.6，也相差不多，所以 Fe、Cr 可以形成无限固溶体。铬是奥氏体不锈钢中最重要的合金元素，铬是提高钢钝化膜稳定性的必要元素。奥氏体不锈钢的不锈耐蚀性的获得主要是由于在介质作用下铬促进钢的钝化并使钢保持稳定钝态的结果。

1）铬对奥氏体钢组织的影响。铬是强烈形成并稳定铁素体的元素，能缩小奥氏体区。随着铬含量的增加，奥氏体钢中可出现铁素体组织。在铬镍奥氏体不锈钢中，当碳含量为 0.1%C（质量分数，下同），铬含量为 18%Cr 时，为获得稳定的单一奥氏体组织，所需的镍含量最低，大约为 8%Ni。

2）铬对奥氏体钢性能的影响。铬是决定钢耐蚀性的主要元素。少量铬只能提高钢的抗蚀性，但能使其不锈。铬使溶体电极电位提高，并在表面形成致密的氧化膜。铬提高耐蚀性的作用符合 $n/8$ 定律，即 Tammann 定律。Tammann 定律是固溶体电极电位随铬量变化的规律。固溶体中的铬量达到 12.5%原子比（即 1/8）时，铁固溶体电极电位有一个突然升高；当铬量提高到 25%原子比（即 2/8）时，电位有一次突然升高，这现象称为 Tammann 定律，也称为二元合金固溶体电位的 $n/8$ 定律，如图 2-1 所示。

（2）镍元素的作用。镍是奥氏体不锈钢中的主要合金元素，其主要作用是形成并稳定奥氏体，使钢获得完全奥氏体组织，从而使钢具有良好的强度和塑性、韧性的配合，并具有优良的冷、热加工性和焊接、低温和无磁等性能。

镍是强烈形成并稳定奥氏体且扩大奥氏体相区的元素。在奥氏体不锈钢中，随着镍含量的增加，残余的铁素体可完

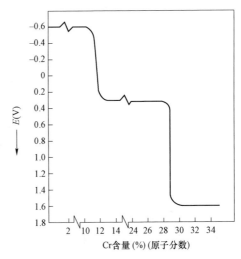

图 2-1　Cr 对 Fe-Cr 电极电位的影响

全消除，并显著降低 σ 相形成的倾向。镍会降低马氏体转变温度，甚至使钢在很低的温度下可不出现马氏体转变。镍含量的增加会降低 C、N 在奥氏体钢中的溶解度，从而使碳氮化合物脱溶析出的倾向增强。

（3）氮和碳的作用。不锈钢中含碳量越高，耐蚀性就可能下降，但是钢的强度是随着碳含量的增加而提高的。对于不锈钢来说，耐蚀性是主要的，另外还应该考虑钢的冷变形性、焊接性等工艺因素，所以在不锈钢中碳的含量应尽可能低。

氮可提高奥氏体不锈钢的耐蚀性。超级高氮奥氏体不锈钢在耐点蚀、耐缝隙腐蚀等局部腐蚀的能力上可以和镍基合金相媲美。奥氏体不锈钢敏化态晶间腐蚀的机理主要是贫铬理论，敏化态晶间腐蚀机理主要是杂质元素偏聚理论。氮的加入改善可普通低碳、超低碳奥氏体不锈钢耐敏化态晶间腐蚀性能，其本质是氮影响敏化处理时碳化铬沉淀的析出过程，来达到晶界贫铬的铬浓度。

（4）其他元素的作用。锰是比较弱的奥氏体形成元素，但具有强烈稳定奥氏体组织的作用。锰也能提高铬不锈钢在有机酸如醋酸、甲酸和乙醇中的耐蚀性，而且比镍更有效。

钛和铌是强碳化物形成元素，它们是作为形成稳定的碳化物，从而防止晶界腐蚀而加入不锈钢中的。所以加入的钛和铌必须与钢中的碳保持一定的比例。

钼能提高不锈钢的钝化能力，扩大其钝化介质范围，如在热硫酸、稀盐酸、磷酸和有机酸中，含钼不锈钢可以形成含钼的钝化膜，这种钝化膜在许多强腐蚀介质中具有很高的稳定性，不易溶解。

2. 铁素体不锈钢

铁素体不锈钢都是高铬钢。由于铬具有稳定 α 相的作用，在铬含量达到 13%（质量分数，下同）以上时，铁铬合金将无 γ 相变，从高温到低温一直保持 α 铁素体相组织。铁素体不锈钢含铬量在 13%～30%范围。随着含铬量的增加，耐蚀性不断提高。

铁素体不锈钢主要有三种类型：

（1）Cr13 型。如 06Cr13Al、06Cr11Ti 等。

（2）Cr17 型。如 10Cr17、019Cr18MoTi、10Cr17Mo 等。

（3）Cr25～30 型。如 16Cr25N、008Cr30Mo2 等。

3. 马氏体不锈钢

这类钢含 12%～18%Cr（质量分数，下同），还含有一定的碳和镍等奥氏体形成元素，所以在加热时有比较多的或完全的奥氏体相。由于马氏体相变的临界转变温度仍在室温以上，所以淬火冷却能产生马氏体。因此，根据组织分类方法，这类钢称为马氏体不锈钢。

4. 奥氏体不锈钢

奥氏体不锈钢是指使用状态组织为奥氏体的不锈钢。奥氏体不锈钢含有较多的 Cr、Ni、Mn、N 等元素。与铁素体不锈钢和马氏体不锈钢相比，奥氏体不锈钢除了具有很高的耐腐蚀性外，还有许多优点。它具有高的塑性，容易加工变形成各种形状的钢材；加热时没有同素异构转变，焊接性好；韧度和低温韧度好，一般情况下没有冷脆倾向；因为奥氏体是面心立方结构，所以不具有磁性。

（1）奥氏体不锈钢的成分特点。奥氏体不锈钢含 Cr、Ni 分别为 18%、8%（质量分数，下同）左右，18%Cr 和 8%Ni 的配合是世界各国奥氏体不锈钢的典型成分，因此也简称为 18-8 型奥氏体不锈钢。由图 2-2 可知，这样的成分配合正处于组织图上形成奥氏体的有利位置，18%Cr 和 8%Ni 的成分配比还有利于提高钢的耐蚀性。

（2）奥氏体不锈钢的晶间腐蚀。奥氏体不锈钢焊接后，在腐蚀介质中工作时在离焊缝不远处会产生严重的晶间腐蚀。其原因是在焊缝及热影响

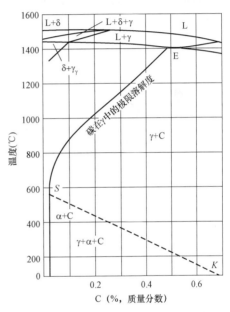

图 2-2　Fe-18Cr-2Ni-C 相图的垂直截面

区（450～800℃），沿着晶界析出了（Cr，Fe）$_{23}$C$_6$ 碳化物，晶界附近的区域产生了贫铬区（成低于 1/8 定律的临界值），晶间腐蚀的危害极大。

在 Cr-Ni 奥氏体不锈钢中，如果在 450～800℃ 的温度范围内工作或在该温度范围内进行时效处理，也会得到与焊接加热同样的效果。这种时效处理可以考察不锈钢晶间腐蚀的敏感性，所以又称为不锈钢的敏化处理。敏化处理和敏感性的关系通常用 TTS（time temperature sensitivation）曲线来表示，如图 2-3（a）所示。曲线 1 表示钢开始产生晶间腐蚀，曲线 2 是由于时间充分，晶间腐蚀倾向已不再出现，也就是产生晶间腐蚀现象的结束线。显然，温度越高，通过扩放消除晶间腐蚀倾向所需要的时间也越短。曲线包围的区域是产生晶间腐蚀

的温度、时间范围。奥氏体不锈钢经敏化处理后，在金相组织上可看到碳化物沿着晶界析出。

经强碳化物形成元素 Ti、Nb 合金化的不锈钢称为稳定性钢。这种钢析出碳化物的温度范围可分成两个区域，如图 2-3（b）所示。这里的曲线 1 表示析出 $M_{23}C_6$ 型碳化物的富铬区域，曲线 3 表示析出 MC 碳化物的区域，线 2 是产生晶间腐蚀的区域。在仅有 MC 型碳化物析出的区域，没有晶间腐蚀倾向。除了析出 $M_{23}C_6$ 型碳化物，析出 σ 相也会引起晶界的贫铬形成。因为晶间腐蚀倾向与原子的扩散有关，所以能提高碳活性的元素如 Ni、Co、Si，都会促进产生晶间腐蚀；而能降低碳活性的元素如 Mo、Ti、Nb、Mn、V，都能不同程度地阻止晶间腐蚀的倾向。显然，随着钢中含碳量的提高，钢的晶间腐蚀倾向也增大。

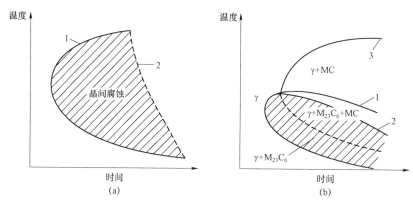

图 2-3　奥氏体不锈钢产生晶间腐蚀的 TTS 曲线

（3）奥氏体不锈钢的热处理。奥氏体不锈钢的热处理一般有固溶处理和稳定化处理。

1）固溶处理。奥氏体不锈钢的固溶处理温度一般为 1050～1150℃，比较常用的是 1050～1100℃。对 12Cr18Ni9，固溶处理采用 1000℃加热淬火。钢中的含碳量越高，所需要的固溶处理温度也越高。

对于非稳定化奥氏体不锈钢，即不含 Ti、Nb 元素的 Cr-Ni 奥氏体不锈钢，常采用的固溶处理工艺如图 2-4（a）所示。固溶处理后对钢进行退火，可以提高晶界上铬的浓度，使钢具有高的抗晶间腐蚀性。虽然有时钢中存在碳化铬，但经过 850～950℃的退火，就消除了晶间腐蚀倾向。对用 Ti、Nb 元素稳定化的钢，固溶处理加热温度选择在奥氏体+特殊碳化物的两相区范围，通常为 1000～1100℃，常用 1050℃，如图 2-4（b）所示。

2）稳定化处理。稳定化处理也可称为稳定化退火。这种处理只是在含 Ti、

Nb 元素的奥氏体不锈钢中使用。在实际中多次发现未经稳定化处理的含 Ti、Nb 的奥氏体不锈钢（07Cr19Ni11Ti），虽然化学成分合格，但按照标准检验时仍然发现有晶间腐蚀。稳定化处理的温度和时间应合理选择，才能获得最佳的效果。确定稳定化处理工艺的一般原则为：高于碳化铬的溶解温度而低于碳化钛的溶解温度。稳定化退火常采用 850～950℃，保温 2～4h 后空冷，如图 2-4（b）所示。

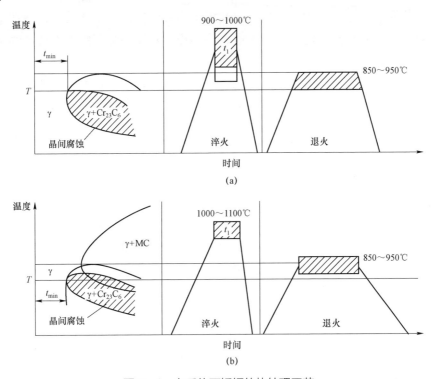

图 2-4　奥氏体不锈钢的热处理工艺

（a）非稳定化奥氏体不锈钢常用的热处理工艺；（b）稳定化奥氏体不锈钢常用的热处理工艺

5. 奥氏体-铁素体双相不锈钢

　　双相不锈钢主要有奥氏体-马氏体双相不锈钢和奥氏体-铁素体双相不锈钢。奥氏体马氏体双相不锈钢一般属于沉淀硬化型超高强度不锈钢，在这里简要讨论奥氏体-铁素体双相不锈钢。奥氏体-铁素体双相不锈钢的主要成分为 18%～26%Cr、4%～7%Ni，根据不同用途分别加入 Mn、Cu、Mo、Ti、N 等元素。奥氏体-铁素体双相不锈钢通常采用 1000～1100℃淬火韧化，可获得体积分数 60%左右铁素体和 40%左右奥氏体的双相组织。铁素体和奥氏体组织的比例可以通过淬火温度来调整，再根据工作条件选择适当的稳定化处理。

第三节　铝　合　金

一、工业纯铝

铝在空气中有优良的抗蚀性，因为铝的表面易生成一层稳定而致密的 Al_2O_3 薄膜，从而能阻止进一步的氧化。但是铝不耐碱、盐溶液及热的稀硝酸或稀硫酸的腐蚀。铝有很高的塑性，便于通过各种冷、热压力加工制成型材、线材、板材和铝箔。

工业纯铝中最常见的杂质是铁和硅。铝中所含杂质数量愈多，其导电性、导热性、抗蚀性及塑性就愈低。我国工业纯铝的牌号用"铝"字的汉语拼音字首"L"加上按杂质限量编号的数字组成，有 L1、L2、L3、…、L6 等。数字愈大，纯度愈低。

二、铝合金

铝合金中常加入的元素为 Cu、Zn、Si、Mn 以及稀土元素等，这些合金元素在固态铝中的溶解度一般都是有限的，所以铝合金的组织中除了形成铝基固溶体外，还有第二相出现。以铝为基的二元合金大都按共晶相图结晶，如图 2-5 所示。加入的合金元素不同，在铝基固溶体中的极限溶解度也不同，固溶度随温度变化以及合金共晶点的位置也各不相同。根据成分及加工工艺特点，铝合金可分为变形铝合金和铸造铝合金。由图 2-5 可知，成分在 B 点以左的合金，当加热到固溶线以上时，可得到均匀的单相固溶体 α，由于其塑性好，适宜于压力加工，所以称为变形铝合金。常用的变形铝合金中，合金元素的总量小于 5%（质量分数，下同），但在高强度变形铝合金中可达 8%～14%。

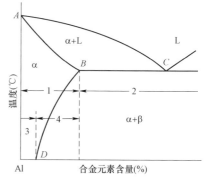

图 2-5　铝合金分类示意图
1—变形铝合金；2—铸造铝合金；3—不能热处理强化的铝合金；4—能热处理强化的铝合金

变形铝合金又可分为两类：

（1）不能热处理强化的铝合金，即合金元素的含量小于状态图中 D 点成分的合金，这类合金具有良好的抗蚀性能，故称为防锈铝。

（2）能热处理强化的铝合金，即成分处于状态图中 *B* 与 *D* 之间的合金，通过热处理能显著提高力学性能，这类合金包括硬铝、超硬铝和锻铝。

三、变形铝合金

1. 变形铝及铝合金牌号和表示方法

根据 GB/T 16474《变形铝及铝合金牌号表示方法》，凡是化学成分与变形铝合金及铝合金国际牌号注册协议组织命名的合金相同的所有合金，其牌号直接采用国际四位数字体系牌号，未与国际四位数字体系牌号接轨的变形铝合金采用四位字符牌号命名，并按要求标注化学成分。牌号见第二章第一节。

常用的变形铝合金牌号以及化学成分如表 2−1 所示。

表 2−1　　典型变形铝合金牌号及主要合金元素含量（GB/T 3190—2008）

合金名称	新牌号	旧牌号	主要合金元素（%）
防锈铝合金	3A21	LF21	0.6Si，0.7Fe，0.2Cu，1.0～1.6Mn，0.05Mg，0.01Zn，0.15Ti
	5A03	LF3	0.5～0.8Si，0.5Fe，0.1Cu，0.3～0.6Mn，3.2～3.8Mg，0.2Zn，0.15Ti
	5A21	LF12	0.3Si，0.3Fe，0.05Cu，0.2Zn，0.005Be，0.1Ni，0.4～0.8Mn，8.3～9.6Mg，0.004～0.05Sb
硬铝合金	2A01	LY1	0.5Si，0.5Fe，2.2～3.0Cu，0.2Mn，0.2～0.5Mg，0.1Zn，0.15Ti
	2A10	LY10	0.25Si，0.2Fe，3.9～4.5Cu，0.3～0.5Mn，0.15～0.3Mg，0.1Zn，0.15Ti
	2A11	LY11	0.7Si，0.7Fe，3.8～4.8Cu，0.4～0.8Mn，0.4～0.8Mg，0.1Ni，0.3Zn，0.15Ti，0.7（Fe＋Ni）
	2A12	LY12	0.5Si，0.5Fe，3.8～4.9Cu，0.3～0.9Mn，1.2～1.8Mg，0.1Ni，0.3Zn，0.15Ti，0.5（Fe＋Ni）
超硬铝合金	7A03	LC3	0.2Si，0.2Fe，1.8～2.4Cu，0.1Mn，1.2～1.6Mg，0.05Cr，6.0～6.7Zn，0.02～0.08Ti
	7A09	LC9	0.5Si，0.5Fe，1.2～2.0Cu，0.15Mn，2.0～3.0Mg，0.16～0.3Cr，5.1～6.1Zn，0.1Ti
	7A10	LC10	0.3Si，0.3Fe，0.5～1.0Cu，0.2～0.35Mn，3.0～4.0Mg，0.1～0.2Cr，3.2～4.2Zn，0.1Ti
锻铝合金	6A02	LD2	0.5～1.2Si，0.5Fe，0.2～0.6Cu，0.15～0.35Cr，0.45～0.9Mg，0.2Zn，0.15Ti
	2B50	LD6	0.7～1.2Si，0.7Fe，1.8～2.6Cu，0.4～0.8Mn，0.1～0.2Cr，0.4～0.8Mg，0.1Ni，0.3Zn，0.7（Fe＋Ni）
	2A14	LD10	0.6～1.2Si，0.7Fe，3.9～4.8Cu，0.4～1.0Mn，0.4～0.8Mg，0.1Ni，0.3Zn，0.15Ti

2. 防锈铝合金

防锈铝合金包括 Al-Mn 和 Al-Mg 两个合金系。防锈铝代号用"3A"或"5A"加一组顺序号表示。常用的防锈铝及其合金见表 2-1。这类合金具有优良的抗腐蚀性能，并有良好的焊接性和塑性，适合于压力加工和焊接。

（1）Al-Mn 系防锈铝合金。锰在铝中的最大溶解度为 1.82%，锰和铝可以形成金属间化合物 $MnAl_6$，这种弥散析出的质点可阻碍晶粒长大，故可细化合金的晶粒。锰溶于 α 固溶体中起固溶强化的作用。当锰含量大于 1.6%时，由于形成大量的脆性 $MnAl_6$，合金的塑性显著降低，压力加工性能较差，所以防锈铝中锰含量一般不超过 1.6%。Al-Mn 合金具有优良的耐蚀性。

（2）Al-Mg 系防锈铝合金。Al-Mg 系二元合金状态图如图 2-6 所示。从图中可看出，镁在铝中固溶度较大，一般低于 5%Mg 的合金为单相合金，经扩散退火及冷变形后退火等热处理,组织和成分较均匀,耐腐蚀性较好。大于 5%Mg 的合金经退火后，组织中会出现脆性的 β（Mg_5Al_8）相。由于该相电极电位低于 α 固溶体，β 相成为阳极，导致合金的耐蚀性恶化，塑性、焊接性也变差。

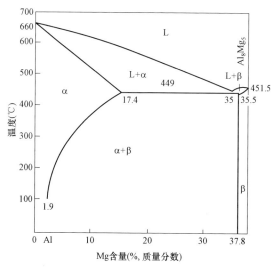

图 2-6 Al-Mg 二元合金状态图铝端

3. 硬铝合金

硬铝属于 Al-Cu-Mg 系合金，具有强烈的时效强化作用，经时效处理后具有很高的硬度、强度，故 Al-Cu-Mg 系合金总称为硬铝合金。这类合金具有优良的加工性能和耐热性，但塑性和韧性低，耐蚀性差，常用来制作飞机大梁、空气螺旋桨、铆钉及蒙皮等。

硬铝的代号用"2A"加一组顺序号表示。常用的硬铝合金见表 2-1。不同牌号的硬铝合金具有不同的化学成分，其性能特点也不相同。含铜、镁量低的硬铝强度较低而塑性高，含铜、镁量高的硬铝则强度高而塑性较低。

4. 超硬铝合金

超硬铝属于 Al-Zn-Cu-Mg 系合金。它是目前室温下强度最高的铝合金，其强度值达 500～700MPa，超过高强度硬铝 2A12 合金，故称超硬铝合金。这类合金除了强度高外，韧性储备也很高，又具有良好的工艺性能，是飞机工业中重要的结构材料。

四、铸造铝合金

铸造铝合金具有高的流动性，较小的收缩性，热裂、缩孔和疏松倾向小等良好的铸造性能。成分处于共晶点的合金具有最佳的铸造性能，但此时合金组织中会出现大量硬脆的化合物，使合金的脆性急剧增加。因此，实际使用的铸造合金并非都是共晶合金。它与变形铝合金相比只是合金元素高一些。

铸造铝合金的牌号用"铸铝"二字的汉语拼音字首"ZL"加三位数字表示。第一位数字是合金的系列：1 是 Al-Si 系合金；2 是 Al-Cu 系合金；3 是 Al-Mg 系合金；4 是 Al-Zn 系合金。第二、三位数字是合金的顺序号。例如 ZL102 表示 2 号 Al-Si 系铸造合金。

Al-Si 系铸造合金用途很广，常用牌号见表 2-2。含硅的共晶合金在铸造铝合金中流动性最好，能提高强度和耐磨性。这种合金具有密度小、小的铸造收缩率和优良的焊接性、耐蚀性等特性以及足够的力学性能。但合金的致密度较小，适合制造致密度要求不太高的、形状复杂的铸件。共晶组织中硅晶体呈粗针状或片状，过共晶合金中还有少量初生硅，呈块状。这种共晶组织塑性较低，需要细化组织。

表 2-2　　　　　　　　　典型铸造铝合金牌号及主要合金元素含量

典型铸造合金	合金牌号	代号	主要合金元素（%，质量分数）
Al-Si	ZAlSi12	ZL102	10.0～13.0Si
	ZAlSi9Mg	ZL104	8.0～10.5Si，0.17～0.35Mg，0.2～0.5Mn
	ZAlSi5Cu1Mg	ZL105	4.5～6.5Si，1.0～1.5Cu，0.4～0.6Mg
	ZAlSi7Cu4	ZL107	6.5～7.5Si，3.5～4.5Cu
	ZAlSi2Cu2Mg1	ZL108	11.0～13.0Si，1.0～2.0Cu，0.4～0.6Mg，0.3～0.9Mn
	ZAlSi5Cu6Mg	ZL110	4.0～6.0Si，5.0～8.0Cu，0.2～0.5Mg

续表

典型铸造合金	合金牌号	代号	主要合金元素（%，质量分数）
Al－Cu	ZAl Cu5Mn	ZL102	4.5～5.3Cu，0.6～1.0Mn，0.15～0.35Ti
	ZAlCu4	ZL203	4.0～5.0Cu
Al－Mg	ZAlMg10	ZL301	9.5～11.0Mg
	ZAlMg5Si5	ZL303	4.5～5.5Mg，0.8～1.3Si，0.1～0.4Mn
	ZAlMg8Zn	ZL305	7.5～9.0Mg，1.0～1.5Zn，0.1～0.4Ti
Al－Zn	ZAlZn11Si7	ZL401	9.0～13.0Zn，6.0～8.0Si，0.1～0.3Mg
	ZAlZn6Mg	ZL402	5.0～6.5Zn，0.50～0.65Mg，0.15～0.25Ti

第四节　铜　合　金

一、工业纯铜

工业纯铜呈玫瑰红色，表面氧化后呈紫色，故常称为紫铜。纯铜的熔点为1083℃，比重8.9，固态下具有面心立方结构。纯铜具有优良的导电性、导热性和无磁性。其导电率仅次于银，居金属元素的第二位。铜还具有很高的化学稳定性，在大气、淡水、水蒸气中均有良好的耐蚀性。

纯铜有极好的塑性（$A=40\%\sim50\%$，$Z\leqslant70\%$）、较低的强度（$R_m=200\sim400MPa$）和硬度（HBS＝35左右），易于接受冷热压力加工和焊接。纯铜经冷变形后有明显的加工硬化现象，其强度、硬度升高（$R_m=400\sim500MPa$，HBS＝120），塑性降低（$A=6\%$，$Z=35\%$）；而且导电率也有所下降，但程度不大。纯铜不宜作为结构材料，而主要用于电气导体，抗磁性干扰的仪表零件、铜管以及配制合金。

工业纯铜的杂质主要有 Pb、Bi、O、S、P 等，这些杂质的存在会降低铜的导电率，并使铜的加工工艺性能恶化。我国的工业纯铜按其所含杂质的多少分为四级，即 T1、T2、T3、T4。"T"是汉语拼音铜字的首字母，后面附以数字序号。纯铜牌号中的数字愈大，其纯度愈低。

二、黄铜

1. 黄铜的牌号及表示方法

黄铜是以锌为主要元素的铜合金。最简单的黄铜是 Cu－Zn 二元合金，简称普通黄铜。工业上使用的黄铜的锌含量均在 50%（质量分数，下同）以下。在 Cu-Zn 二元合金基础上加入一种或多种其他合金元素的黄铜，称为特殊黄铜。黄铜按其生产工艺可分为压力加工黄铜和铸造黄铜，部分压力加工黄铜牌号及安全化学成分见表 2-3。

表 2-3　　　　　　　　　部分压力加工黄铜牌号及主要化学成分

合金名称	牌号	主要化学成分（%）	杂质总量（≤）（%）
普通黄铜	H68	67.0～70.0Cu，余量 Zn	0.3
	H62	60.5～63.5Cu，余量 Zn	0.5
锡黄铜	HSn70-1	69.0～71.0Cu，1.0～1.5Sn，余量 Zn	0.3
铝黄铜	HAl59-3-2	57.0～60.0Cu，2.5～3.5Al，2.0～3.0Ni，余量 Zn	0.9
镍黄铜	HNi65-5	64.0～67.0Cu，5.0～6.5Ni，余量 Zn	0.3
硅黄铜	HSi80-3	79.0～81.0Cu，2.5～4.0Si，余量 Zn	1.5
铅黄铜	HPb74-3	72.0～75.0Cu，2.4～3.0Pb，余量 Zn	0.25
锰黄铜	HMn58-2	57.0～60.0Cu，1.0～2.0Mn，余量 Zn	1.2
铁黄铜	HFe58-1-1	56.0～58.0Cu，0.3～0.75Sn，0.7～1.3Fe，0.3～1.3Pb，余量 Zn	0.5

普通黄铜牌号用"黄"字的汉语拼音字头"H"后面加铜含量表示，如 H62 表示含 62%Cu、38%Zn 的普通黄铜。特殊黄铜的牌号用"H"加主添元素的化学符号，再加铜含量和添加元素的含量表示，如 HMn58-2 表示 58%Cu、2%Mn 的特殊黄铜。铸造黄铜牌号用"铸"字的汉语拼音字头"Z"再加铜的化学符号和主添元素的化学符号及含量表示，如 ZCuZn38 表示平均含 Zn 量为 38%的铸造黄铜。

2. 普通黄铜

Cu-Zn 二元合金相图如图 2-7 所示。α 相是锌在铜中的固溶体。锌在固态铜中的溶解度变化不同于一般合金，它随温度的降低而增大。在 903℃时，锌溶解度为 32.5%；在 456℃，锌的最大溶解度为 39.0%。α 固溶体有良好的力

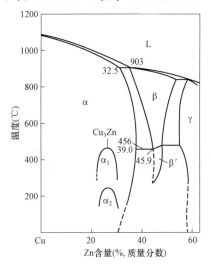

图 2-7　Cu-Zn 二元合金相图铜端

学性能和冷热加工性。

β 相为电子化合物，其电子浓度 $e/a=21/14$，是以 Cu-Zn 为基的固溶体，具有体心立方结构，β 相区随温度降低而缩小，当温度降到 $456\sim468℃$ 时，β 发生有序化转变，得到 β′ 有序相。高温无序的 β 相塑性好，而有序的 β′ 相难以冷变形，因此含 β′ 相的黄铜只能采用热加工成型。

γ 相是电子化合物 Cu_5Zn_8 为基的固溶体，其电子浓度 $e/a=21/13$，具有复杂立方结构，硬且脆，难以塑性加工。所以，工业用黄铜的锌含量均小于 50%。

（1）普通黄铜的组织。小于 36%Zn 的合金为单相 α 黄铜，铸态组织为单相树枝状晶，如图 2-8（a）所示。形变及再结晶退火后得到等轴 α 相晶粒具有退火孪晶，如图 2-8（b）所示。含 36%~46%Zn 的合金为双相（α+β）黄铜，其铸态组织和形变及再结晶退火后的组织分别如图 2-9 所示。

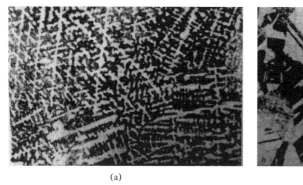
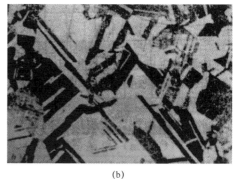

(a)   (b)

图 2-8　单相 α 黄铜的显微组织

（a）铸态；（b）经过形变与再结晶退火后

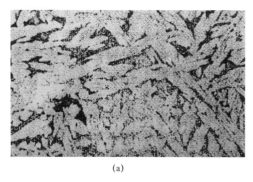
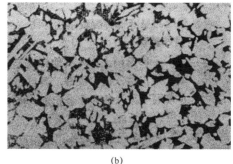

(a)   (b)

图 2-9　双相（α+β）黄铜的显微组织

（a）铸态；（b）经过形变与再结晶退火后

（2）普通黄铜的性能。锌含量对黄铜的物理、力学与工艺性能有很大影响。随着锌含量的增加，黄铜的导电、导热性及密度降低，而线膨胀系数提高。

在铸态，当小于 32%Zn 时，锌完全溶于 α 固溶体中，起固溶强化作用。黄铜的强度和塑性随锌含量的增加而升高，直到 30%Zn 时，黄铜的延伸率达到最高值。当超过 32%Zn 时，合金组织中出现了脆性的 β′ 相，使塑性下降，而强度继续增加。在 45%Zn 时强度达到最大值。再增加锌含量，则全部组织为 β′ 相，导致脆性增加，强度急剧下降。锌含量对黄铜性能的影响如图 2-10 所示。黄铜经过变形和再结晶退火后，其性能与锌含量的关系与铸态相似。由于成分均匀和晶粒细化，其强度和塑性比铸态都有所提高。

单相 α 黄铜具有良好的塑性，能承受冷、热加工，但黄铜在锻造等热加工时易出现中温脆性，其具体温度范围随锌含量不同而有所变化，一般在 200～700℃。图 2-11 中曲线 1 为 28%Zn 的黄铜断面收缩率随温度而变化的关系，在 400℃时塑性最低。因此，热加工时温度应高于 700℃。

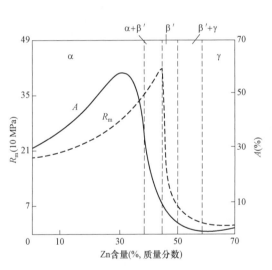

图 2-10　铸态黄铜的性能与锌含量的关系

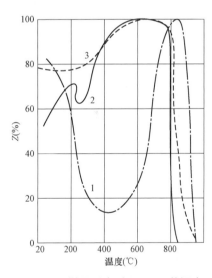

图 2-11　微量元素对 Zn28% 黄铜中温脆性的影响

双相（a+β）黄铜，由于 β′ 相在室温下脆性很大，冷变形能力很差，但加热到有序化温度以上，β′ 相转变为 β，具有良好的塑性变形能力。因此，双相（a+β）黄铜适宜于热加工，故又称为热加工黄钢。

三、青铜

1. 青铜的牌号及表示方法

青铜是人类历史上最早应用的合金。青铜最早指的是 Cu-Sn 合金，但近年来在工业上应用了大量的含 Al、Si、Be、Mn 和 Pb 的铜基合金，这些也称为青铜。为了加以区分，通常把 Cu-Sn 合金称为锡青铜（普通青铜），其他称为无锡青铜（特殊青铜）。

青铜牌号的表示方法是："青"字的汉语拼音字头"Q"加上第一个主加元素的化学符号及含量，再加上其他合金元素的含量。如 QSn4-3 表示含 4%Sn、3%Zn 的锡青铜；QA15% 表示含 5%Al 的铝青铜。铸造青铜的牌号为："Z"表示铸造，"Cu"表示铜基体元素符号。如 ZCuPb30 表示铸造铅青铜，铅的平均质量分数为 30%。

2. 锡青铜

Cu-Sn 系合金称锡青铜，具有较高的强度、耐蚀性和良好的铸造性能。锡是较稀少和昂贵的金属元素，除特殊情况外，一般较少使用锡青铜。为了节约锡或改善铸造性、力学性能和耐磨性，锡青铜还常常加入 P、Zn 和 Pb 等。当前国内外多用价格便宜和性能更高的特殊青铜或特殊黄铜来代替锡青铜。

3. 铝青铜

铜与铝形成的合金称为铝青铜，是特殊青铜的一种。铝青铜的强度和耐蚀性比黄铜和锡青铜还高，是应用最广的铜合金，也是锡青铜的重要代用品，但铸造和焊接性较差。

4. 铍青铜

铍青铜是指加入 1.5%～2.5%Be 的铜合金，铍青铜中除主添加元素外，还加入了 Ni、Ti、Mg 等合金元素。表 2-4 列举了常用铍青铜的主要特性及应用。

表 2-4   几种铍青铜的主要特性及应用

牌号	主要特性	应用举例
QBe2	含少量镍的铍青铜是力学、物理、化学综合性能良好的合金。经调制后，具有高的强度、弹性、耐磨性、疲劳极限、耐热性和耐性；同时还具有高的导电性、导热性和耐寒性，无磁性，撞击时不火花，易于焊接和钎焊	各种精密仪器中的弹簧和弹性元件，各种耐磨零件以及在高速、高压和高温下工作的轴承、衬套，经冲击不产生火花的工具等
QBe1.7 QBe1.9	含少量镍、钛的铍青铜，具有和 QBe2 相近的特性，其优点是：弹性迟滞小、疲劳强度高、温度变化时弹性稳定，性能对时效温度变化的敏感度小，价格较低廉	各种重要的弹簧、精密仪表弹性元件，敏感元件以及承受高变向载荷的弹性元件，可代替 QBe2

第 三 章

金属加工处理工艺

第一节 热处理基本知识

一、钢的热处理

定义：对钢在固态下加热、保温和冷却以改变其内部结构，从而改变钢的性能的一种工艺方法。

改善钢的性能一般有两种途径：

（1）调整钢的化学成分——合金化。

（2）对钢进行热处理。

1. 热处理分类

$$
热处理
\begin{cases}
普通热处理
\begin{cases}
退火 \\
正火 \\
淬火 \\
回火
\end{cases} \\
表面热处理
\begin{cases}
表面淬火（中频、工频、高频）\\
化学热处理（渗C、N、Al等）
\end{cases}
\end{cases}
$$

2. 热处理三大工艺参数

（1）加热温度。

（2）保温时间。

（3）冷却速度。

基本工艺曲线如图3-1所示。

二、常用热处理工艺

1. 退火

将钢件加热到适当温度保温一定

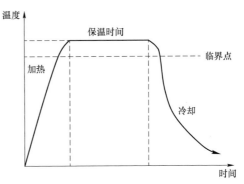

图3-1 热处理基本工艺曲线

时间后缓慢冷却，以获得接近平衡状态组织的热处理工艺。

（1）完全退火（重结晶退火）：将亚析钢加热到 A_{C3}（加热时转变为奥氏体的终了温度）以上 30～50℃保温后随炉缓冷。目的：细化组织，消除应力，降低硬度，改善切削，主要用于（铸锻件）焊接结构，得到接近平衡状态的组织。

（2）不完全退火：将钢加热到 A_{C1}（加热时珠光体向奥氏体转变的温度）以上 30～50℃保温后缓冷，其目的：降低硬度、改善切削、消除内应力，应用于低合金钢、中高碳钢的锻、轧件。

（3）消除应力退火：将工件加热到 A_{C1} 以下 100～200℃保温后缓冷，其目的：消除焊接、冷变形加工、铸、锻等造成的内应力。消除应力退火钢材组织不发生变化。应力的消除依靠 500～650℃及后缓冷过程中产生的塑性变形或蠕变变形带来的应力松弛实现，例如大型球罐的退火。

2．正火

将工件加热到 A_{C3} 或 A_{cm}（加热时二次渗碳体溶入奥氏体的温度）以上30～50℃保持一定时间后在空气中冷却的热处理工艺。目的：细化晶粒、均匀组织、降低应力。由于冷却较快，获得较细的珠光体，其强度、硬度、韧性比退火工件要高，锅炉压力容器用的钢板都是以正火状态供货。

正火操作简便、费用较低，生产率高。

3．淬火

将钢加热到临界温度以上（亚共析钢 A_{C3} 30～50℃过共析钢 A_{C1} 以上 30～50℃），经过适当保温后快速冷却，从而发生马氏体转变的热处理工艺。淬火后必须配以适当的回火，淬火是为回火时调整和改善钢的性能做组织准备，而回火则决定了工件的使用性能和寿命。

马氏体组织硬而脆，韧性很差，内应力大，容易产生裂纹，锅炉、压力容器材料及焊缝组织中不应出现马氏体，对于轴承、工模具则是有益的，但必须立即回火。

4．回火

将经过淬火的钢加热到 A_{C1} 以下的适当温度，保持一定时间，然后冷却到室温以获得所需组织和性能的热处理工艺。

回火工艺应在淬火后马上进行。目的：降低内应力，提高韧性，稳定尺寸，改善加工性能，通过调整回火温度可获得不同硬度、强度和韧性的力学性能。

（1）低温回火：150～250℃范围内的回火。

组织：回火马氏体，用于高碳钢。

（2）中温回火：350～500℃范围内的回火。

组织：回火屈氏体，用于模具、弹簧。

（3）高温回火：500～650℃范围内的回火。

组织：回火索氏体，获得既具有一定强度、硬度又有良好韧性的综合机械性能。

（4）调质处理：淬火加高温回火称为调质处理，用于轴、螺栓等。

第二节　焊　接　基　础　知　识

一、焊接的定义与特点

1. 定义

焊接是利用加热或加压或二者并用的方法，将两种或两种以上的同种或异种材料，通过原子或分子之间的结合和扩散连接成一体的工艺过程。

2. 焊接的优点

（1）节省材料，减轻质量，生产成本低。

（2）简化复杂零件和大型零件的加工工艺，缩短加工周期。

（3）适应性好，可实现特殊结构的制造及不同材料间的连接成型。

（4）整体性好，具有良好的气密性、水密性。

（5）降低劳动强度，改善劳动条件。

3. 焊接的局限性

（1）结构无可拆性。

（2）焊接时局部加热，焊接接头的组织和性能与母材相比发生变化，产生焊接残余应力和焊接变形。

（3）焊接缺陷的隐蔽性，易导致焊接结构被意外破坏。

4. 焊接方法的分类

按工艺特点，可将焊接分为三大类：熔焊、压力焊、钎焊。

（1）熔化焊是将待焊母材金属熔化以形成焊缝的焊接方法。

（2）压力焊是焊接过程中必须对焊件施加压力（加热或加热），以完成焊接的方法。

（3）钎焊是硬钎焊和软钎焊的总称。采用比母材金属熔点低的金属材料做钎料，将焊件和钎料加热到高于钎料熔点、低于母材熔化温度，利用液态钎料润湿母材，填充接头间隙并与母材相互扩散实现焊件连接的方法。

5. 焊接接头形式

（1）焊接接头的分类。焊接接头形式一般由被焊接两金属件的相互结构位置来决定，通常分为对接接头、搭接接头、角接接头及 T 形接头等。这四种接头形式中，对接接头节省材料，容易保证质量，应力分布均匀，应用最为广泛，但焊前准备及装配质量要求较高；搭接接头的两焊件不在同一平面上，浪费材料且受力时将产生附加应力，适于薄板焊件；角接接头在构成直角连接时采用，一般只起连接作用而不承受工作载荷；T 形接头是非直线连接结构中应用最广泛的连接形式。

（2）焊接坡口形式。是指被焊的两金属件相连处预先被加工成的结构形式，一般由焊接工艺本身来决定。坡口形式的选择原则：

1）保证焊透。

2）填充于焊缝部位的金属尽量少。

3）便于施焊，改善劳动条件。对圆筒形构件，筒内焊接量应尽量少。

4）减少焊接变形量，对较厚元件焊接应尽量选用沿壁厚对称的坡口形式。

对接接头的坡口形式可分为不开坡口、V 形坡口、X 形坡口、单 U 形坡口及双 U 形坡口等种类，如图 3-2 所示。

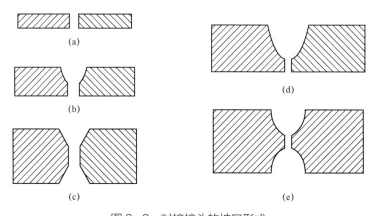

图 3-2　对接接头的坡口形式

（a）不开坡口；（b）V 形坡口；（c）X 形坡口；（d）单 U 形坡口；（e）双 U 形坡口

二、焊接接头的组织及特性

焊接接头包括焊缝、熔合区、焊接热影响区三部分。

（1）焊缝是焊件经焊接后形成的结合部分。通常由熔化的母材和焊材组成，有时全部由熔化的母材组成。

（2）熔合区是焊接接头中焊缝与母材交接的过渡区域。它是刚好加热到熔点与凝固温度区间的部分。

（3）焊接热影响区是焊接过程中，材料因受热的影响（但未熔化）而发生金相组织和机械性能变化的区域，如图3-3所示。热影响区的宽度与焊接方法、线能量、板厚及焊接工艺有关。

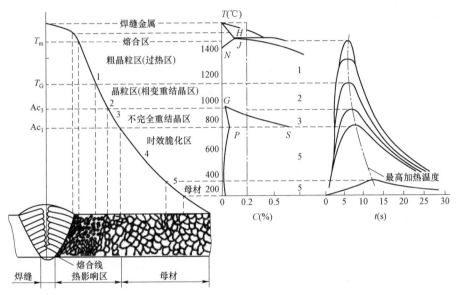

图3-3　焊接热影响区的温度分布与状态图的关系

三、焊接缺陷

1. 外观缺陷

焊接外观缺陷见表3-1。

表3-1　　　　　　　　　　焊 接 外 观 缺 陷

序号	缺陷名称	定义	产生原因	危害	防止措施	备注
1	咬边	沿着焊趾，在母材部分形成的凹陷或沟槽。	（1）电弧热量太高，即电流太大、运条速度太小所造成的。（2）焊条与工件间角度不正确，摆动不合理，电弧过长，焊接次序不合理等。	（1）咬边减少了母材的有效截面积，降低了结构的承载能力。	（1）矫正操作姿势，选用合理的规范、采用良好的运条方式都有利于消除咬边。	

序号	缺陷名称	定义	产生原因	危害	防止措施	备注
1	咬边	它是由于电弧将焊缝边缘的母材熔化后没有得到熔敷金属的充分补充所留下的缺口	(3)直流焊时电弧的磁偏吹也是产生咬边的一个原因。(4)某些焊接位置(立、横、仰)会加剧咬边	(2)造成应力集中，发展为裂纹源	(2)焊角焊缝时用交流焊代替直流焊也能有效防止咬边	
2	焊瘤	焊缝中的液态金属流到加热不足未熔化的母材上或从焊缝根部溢出，冷却后形成的未与母材熔合的金属瘤即为焊瘤	(1)焊接规范过强、焊条熔化过快、焊条质量欠佳(如偏芯)，焊接电源特性不稳定和操作姿势不当等都容易带来焊瘤。(2)在横、立、仰位置更易形成焊瘤	(1)焊瘤常伴有未熔合、夹渣缺陷，易导致裂纹。(2)焊瘤改变了焊缝的实际尺寸，会带来应力集中。(3)管材内部的焊瘤会减少管材内径，可能造成流动物堵塞	(1)使焊缝处于平焊位置。(2)正确选用规范，选用无偏芯焊条，合理操作	
3	弧坑	焊缝表面或背面局部低于母材的部分	(1)凹坑多是由于收弧时焊条(焊丝)未做短时间停留造成的(此时的凹坑称为弧坑)。(2)仰、立、横焊时，常在焊缝背面根部产生内凹	(1)凹坑减小了焊缝的有效截面积。(2)弧坑常带有弧坑裂纹和弧坑缩孔	(1)选用有电流衰减系统的焊机。(2)尽量选用平焊位置。(3)选用合适的焊接规范。(4)收弧时让焊条在熔池内短时间停留或环形摆动，填满凹坑	
4	未焊满	焊缝表面上连续的或断续的沟槽	(1)填充金属不足是产生未焊满的根本原因。(2)规范太弱、焊条太细、运条不当等会导致未焊满	(1)未焊满同样会削弱焊缝。(2)容易产生应力集中。(3)由于规范太弱使冷却速度增大，容易带来气孔、裂纹等	(1)加大焊接电流。(2)加焊盖面焊缝	
5	烧穿	焊接过程中，焊深超过工件厚度，熔化金属自焊缝背面流出，形成穿孔性缺陷	(1)焊接电流过大，速度太慢，电弧在焊缝处停留过久，都会产生焊缝烧穿缺陷。(2)工件间隙太大、钝边太小也容易出现烧穿现象	完全破坏了焊缝，使接头丧失连接及承载能力	(1)选用较小电流并配合合适的焊接速度。(2)减小装配间隙。(3)在焊缝背面加设垫板或药垫。(4)使用脉冲焊	烧穿是锅炉压力容器产品上不允许存在的缺陷
6	其他表面缺陷	成形不良	指焊缝的外观几何尺寸不符合要求。有焊缝超高、表面不光滑，以及焊缝过宽，焊缝向母材过渡不圆滑等			
		错边	指两个工件在厚度方向上错开一定位置，它既可视做焊缝表面缺陷，又可视做装配成形缺陷			
		塌陷	单面焊时由于输入热量过大、熔化金属过多而使液态金属向焊缝背面塌落，成形后焊缝背面突起、正面下塌			

续表

序号	缺陷名称	定义	产生原因	危害	防止措施	备注
6	其他表面缺陷	表面气孔及弧坑缩孔	产生弧坑缩孔的主要原因是焊接电流太大且焊接速度太快、熄弧太快，未反复向熄弧处补充填充金属等			
		各种焊接变形	如角变形、扭曲、波浪变形等都属于焊接缺陷。角变形也属于装配成形缺陷			

2. 气孔和夹渣

（1）气孔缺陷见表 3-2。

表 3-2　　　　　气 孔 缺 陷

缺陷名称	定义	分类	形成机理	产生原因	危害	防止措施
气孔	焊接时熔池中的气体未在金属凝固前逸出,残存于焊缝之中所形成的空穴。其气体可能是熔池从外界吸收的,也可能是焊接过程中出现冶金反应生成的	（1）从其形状上分：1）球状气孔。2）条虫状气孔。（2）从数量上分：1）单个气孔。2）群状气孔。群状气孔又分为均匀分布气孔、密集气孔和链状分布气孔。（3）按气孔内气体成分：1）氢气孔。2）氮气孔。3）二氧化碳气孔。4）一氧化碳气孔。5）氧气孔等。熔焊气孔多为氢气孔和一氧化碳气孔	常温固态金属中气体的溶解度只有高温液态金属中气体溶解度的几十分之一至几百分之一。熔池金属在凝固过程中有大量的气体令从金属中逸出。当凝固速度大于气体逸出速度时就形成气孔	（1）母材或填充金属表面有锈、油污等,焊条及焊剂未烘干会增加气孔量。锈、油污及焊条药皮、焊剂中的水分在高温下分解为气体,增加高温金属中气体的含量。（2）焊接线能量过小,熔池冷却速度大,不利于气体逸出。（3）焊缝金属脱氧不足也会增加氧气孔	（1）气孔减少了焊缝的有效截面积,使焊缝疏松,从而降低了接头的强度,降低塑性,还会引起泄漏。（2）气孔也是引起应力集中的因素。（3）氢气孔还可能促成冷裂纹	（1）清除焊丝、工作坡口及其附近表面的油污、铁锈、水分和杂物。（2）采用碱性焊条、焊剂,并彻底烘干。（3）采用直流反接并用短电弧施焊。（4）焊前预热,减缓冷却速度。（5）用偏强的规范施焊

（2）夹渣缺陷见表 3-3。

表 3-3　　　　　夹 渣 缺 陷

缺陷名称	定义	分类	分布与形状	产生原因	危害	防止措施
夹渣	焊后熔渣残存在焊缝中的现象	（1）金属夹渣：指钨、铜等金属颗粒残留在焊缝中,习惯上称为夹钨、夹铜。（2）条状夹渣。（3）链状夹渣。	（1）单个点状夹渣。（2）条状夹渣。（3）链状夹渣。	（1）坡口尺寸不合理。（2）坡口有污物。（3）多层焊时,层间清渣不彻底。（4）焊接线能量小。	（1）点状夹渣的危害与气孔相似。	根据原因分别采取对应措施以防止夹渣的产生

缺陷名称	定义	分类	分布与形状	产生原因	危害	防止措施
夹渣	焊后熔渣残存在焊缝中的现象	(2)非金属夹渣：指未熔的焊条药皮或焊剂、硫化物、氧化物、氮化物残留于焊缝中	(4)密集夹渣	(5)焊缝散热太快，液态金属凝固过快。 (6)焊条药皮，焊剂化学成分不合理，熔点过高，冶金反应不完全，脱渣性不好。 (7)钨极惰性气体保护焊时电源极性不当，电流密度大，钨极熔化脱落于熔池中。 (8)手工焊时，焊条摆动不良，不利于熔渣上浮	(2)带有尖角的夹渣会产生尖端应力集中，尖端还会发展为裂纹源，危害较大	根据原因分别采取对应措施以防止夹渣的产生

3. 裂纹

焊缝中原子结合遭到破坏，形成新的界面而产生的缝隙称为裂纹。

（1）裂纹的分类见表 3-4。

表 3-4　　　　　　　　　裂 纹 的 分 类

序号	分类依据	各类名称	特点
1	裂纹尺寸大小	宏观裂纹	肉眼可见的裂纹
		微观裂纹	在显微镜下才能发现
		超显微裂纹	在高倍数显微镜下才能发现，一般指晶间裂纹和晶内裂纹
2	产生温度	热裂纹	产生于 A_{C3} 线附近的裂纹。一般是焊接完毕即出现，又称为结晶裂纹。这种裂纹主要发生在晶界，裂纹面上有氧化色彩，失去金属光泽
		冷裂纹	指在焊毕冷至马氏体转变温度 M_s 点以下产生的裂纹，一般是焊后一段时间（几小时、几天甚至更长）才出现，故又称为延迟裂纹
3	裂纹产生的原因	再热裂纹	接头冷却后再加热至 500～700℃时产生的裂纹。再热裂纹产生于沉淀强化的材料（如 Cr、Mo、V、Ti、Nb 的金属）的焊接热影响区内的粗晶区，一般从熔合线向热影响区内的粗晶区发展，呈晶间开裂特性
		层状撕裂	在具有 T 形接头或角接头的厚大构件中，沿钢板的轧制方向分层出现。阶梯状裂纹、层状撕裂主要是由于钢材在轧制过程中，将硫化物（MnS）、硅酸盐类、Al_2O_3 等杂质夹在其中，形成各向异性。在焊接应力或外拘束应力的使用下，金属沿轧制方向的杂物开裂
		应力腐蚀裂纹	在应力和腐蚀介质共同作用下产生的裂纹。除残余应力或拘束应力的因素外，应力腐蚀裂纹主要与焊缝组织组成及形态有关

（2）裂纹的危害。裂纹，尤其是冷裂纹，带来的危害是灾难性的。压力容器事故除极少数是由于设计不合理、选材不当的原因引起的以外，绝大部分是

由于裂纹引起的脆性破坏而导致的，见表 3-5。

表 3-5　　　　　　　　　　　　热裂纹、冷裂纹、再热裂纹

缺陷名称	特征	产生机理	防止措施	影响因素
热裂纹（结晶裂纹）	结晶裂纹最常见的情况是沿焊缝中心长度方向开裂，为纵向裂纹，有时也发生在焊缝内部两个柱状晶之间，为横向裂纹。弧坑裂纹是另一种形态的、常见的热裂纹。结晶裂纹都是沿晶界开裂，通常发生在杂质较多的碳钢、低合金钢、奥氏体不锈钢等材料焊缝中	热裂纹发生于焊缝金属凝固末期，敏感温度区大致在固相线附近的高温区，最常见的热裂纹是结晶裂纹，其生成原因是在焊缝金属凝固过程中，结晶偏析使杂质生成的低熔点共晶物富集于晶界，形成所谓"液态薄膜"，在特定的敏感温度区（又称为脆性温度区）间，其强度极小，由于焊缝凝固收缩而受到拉应力，最终开裂形成裂纹	（1）减小 S、P 等有害元素的含量，用含碳量较低的材料焊接。（2）加入一定的合金元素，减小柱状晶和偏析。如 Mo、V、Ti、Nb 等可以细化晶粒。（3）采用熔深较浅的焊缝，改善散热条件使低熔点物质上浮在焊缝表面而不存在于焊缝中。（4）合理选用焊接规范，并采用预热和后热，减小冷却速度。（5）采用合理的装配次序，减小焊接应力	（1）合金元素与杂质的影响。碳元素以及 S、P 等杂质元素的增加，会扩大敏感温度区。使结晶裂纹的产生机会增多。（2）冷却速度的影响。冷却速度增大，一是使结晶偏析加重，二是使结晶温度区间增大，两者都会增加结晶裂纹的出现机会。（3）结晶应力与拘束力的影响。在脆性温度区内，金属的强度极低，焊接应力又使这部分金属受拉，当拉应力达到一定程度时，就会出现结晶裂纹
再热裂纹	（1）再热裂纹产生于焊接热影响区的过热粗晶区。产生于焊后热处理等再次加热的过程中。（2）再热裂纹的产生温度：碳钢于合金钢 550~650℃ 奥氏体不锈钢约 300℃。（3）再热裂纹为晶界开裂（沿晶开裂）。（4）最易产生于沉淀强化的钢种中。（5）与焊接残余应力有关	再热裂纹的产生机理有多种解释，其中楔型开裂理论的解释如下：近缝区金属在高温热循环作用下，强化相碳化物（如碳化钛、碳化钒、碳化铌、碳化铬等）沉积在晶内的位错上，使晶内强化迁都大大高于晶界强化，尤其是当强化相弥散分别在晶粒内时，会阻碍晶粒内部的局部调整，又会阻碍晶粒的整体变形，这样由于应力松弛而带来的塑性变形就主要由晶界金属来承担，于是晶界区金属会产生滑移，且在三晶粒交界处产生应力集中，就会产生裂纹，即所谓的楔型开裂	（1）注意冶金元素的强化作用及其对再热裂纹的影响。（2）合理预热或采用后热，控制冷却速度。（3）降低残余应力避免应力集中。（4）回火处理时尽量避开再热裂纹的敏感温度区或缩短在此温度区内的停留时间	
冷裂纹	（1）产生于较低温度且焊后一段时间以后，故又称为延迟裂纹。（2）主要产生于热影响区，也可发生在焊缝区。	（1）淬硬组织（马氏体）减少了金属的塑性储备。（2）接头的残余应力使焊缝受拉。（3）接头内有一定的含氢量。含氢量和拉应力是冷裂纹（这里指氢致裂纹）产生的两个重要因素。一般来说，金属内部原子的排列并	（1）采用低氢型碱性焊条，严格烘干，在 100~150℃ 下保存，随取随用。（2）提高预热温度，采用后热措施，并保证层间温度不小于预热温度，选择合理的焊接规范，避免焊缝中出现淬硬组织。	

续表

缺陷名称	特征	产生机理	防止措施	影响因素
冷裂纹	（3）冷裂纹可能是沿晶开裂、穿晶开裂或两者混合出现。 （4）冷裂纹引起的构件破坏是典型的脆断	非完全有序的，而是有许多微观缺陷。在拉应力的作用下，氢向高应力区（缺陷部位）扩散聚集。当氢聚集到一定浓度时就会破坏金属中原子的结合键，金属内就出现一些微观裂纹。应力不断作用，氢不断地聚集，微观裂纹不断地扩展，直至发展为宏观裂纹，最后断裂。 冷裂纹的产生，有一个临界的含氢量和一个临界的应力值。当接头内氢的浓度小于临界含氢量，或所受应力小于临界应力时，将不会产生冷裂纹（即延迟时间无限长）。 在所有的裂纹中，冷裂纹的危害性最大	（3）选用合理的焊接顺序，减少焊接变形和焊接应力。 （4）焊后及时进行消氢热处理	

4. 未焊透和未熔合

未焊透和未熔合见表 3-6。

表 3-6　　　　　　　　未 焊 透 和 未 熔 合

缺陷名称	定义	产生原因	危害	防止措施	备注
未焊透	母材金属未熔化，焊缝金属没有进入接头根部的现象	（1）焊接电流小熔深浅。 （2）坡口和间隙尺寸不合理，钝边太大。 （3）磁偏吹影响。 （4）焊条偏芯度太大。 （5）层间及焊根清理不良	（1）减少了焊缝的有效面积，使接头强度下降。 （2）未焊透引起的应力集中所造成的危害，比强度下降的危害大得多。 （3）未焊透严重降低焊缝的疲劳强度。 （4）未焊透可能成为裂纹源，是造成焊缝破坏的重要原因	（1）使用较大电流来焊接是防止未焊透的基本方法。 （2）焊角焊缝时，用交流代替直流以防止磁偏吹，合理设计坡口并加强清理，用短弧焊等措施也可有效防止未焊透的产生	
未熔合	焊缝金属与母材金属或焊缝金属之间未熔化结合在一起的缺陷	（1）接电流过小。 （2）焊接速度过快。 （3）焊条角度不对。 （4）产生了磁偏吹现象。 （5）焊接处于下坡焊位置，母材未熔化时已被铁水覆盖。 （6）母材表面有污物或氧化物，影响熔敷金属与母材间的熔化结合等	（1）未熔合是一种面积型缺陷，坡口未熔合和根部未熔合对承载截面积的减少非常明显。 （2）应力集中也比较严重，其危害性仅次于裂纹	（1）采用较大的焊接电流。 （2）正确地进行施焊操作。 （3）注意坡口部位的清洁	按其所在部位，未熔合可分为坡口未熔合、层间未熔合和根部未熔合

5. 其他缺陷

其他缺陷见表3-7。

表3-7　　　　　　　　　　其　他　缺　陷

序号	名称	特征	备注
1	焊缝化学成分或组织成分不符合要求	焊材与母材匹配不当，或焊接过程中元素烧损等原因，容易使焊缝金属的化学成分发生变化，或造成焊缝组织不符合要求。这可能带来焊缝的力学性能的下降，还会影响接头的耐蚀性能	
2	过热和过烧	若焊接规范使用不当，热影响区长时间在高温下停留，会使晶粒变得粗大，即出现过热组织。若温度进一步升高，停留时间加长，可能使晶界发生氧化或局部熔化，出现过烧组织。过热可通过热处理来消除，而过烧是不可逆转的缺陷	
3	白点	在焊缝金属的拉断面上出现的鱼目状的白色斑，即为白点，白点是由于氢聚集而造成的，危害极大	

第四章

金 属 检 测 技 术

第一节 无 损 检 测 技 术

进入 21 世纪，各种设备、结构的使用条件不断向高参数、复杂化发展，例如高温、高压、高速、高载荷等，对材料（或构件）的质量要求越来越高。因此为了保证设备（结构）的安全，同时考虑到材料的特殊性能及价格等因素，必须采取不破坏材料（或构件）的形状结构、不改变其使用性能的方法对材料（或构件）的质量进行检测，这就是无损检测技术。

一、基本概念及其技术组成

1. 基本概念

无损检测（nondestructive testing，NDT），以不损害被检验对象的使用性能为前提，应用多种物理原理和化学现象，对各种工程材料、零部件、结构件进行有效的检验和测试，以此评价它们的连续性、完整性、安全可靠性及某些物理性能。

2. 无损检测研究内容

（1）探测材料或构件中是否有缺陷。

（2）对缺陷的形状、大小、方位、取向、分布和内含物等情况进行判断。

（3）当被检对象内部不存在大的或影响使用的缺陷时，还要提供组织分布、应力状态以及某些力学和物理量等信息。

二、无损检测的应用

无损检测可应用于产品设计、加工制造、成品检验、质量评价以及设备（或装置）服役等各个阶段。

应用无损检测技术能够在铸造、锻造、冲压、焊接以及切削加工等每道工序中检查工件（材料）是否符合要求，放弃不合格者以保证产品的质量。有时也可以根据使用部位的不同，在不影响设计性能的前提下使用某些有缺陷的材料，以求降低制造成本和节约资源。无损检测工序在材料和产品的静态（或动态）检测以及质量管理中，已经成为一个不可缺少的重要环节。

第二节　超声波检测技术

一、超声波简介

波有两大类：电磁波和机械波。电磁波是由电磁振荡产生的变化电场和变化磁场在空间的传播过程（无线电波、紫外线、伦琴射线和可见光），机械波是机械振动在介质中的传播过程（水波、声波、超声波）。

振动是波动的产生根源，波动是振动的传播过程。

超声波是超声振动在介质中的传播，它的实质是以波动形式在弹性介质中传播的机械振动。超声波的产生必须依赖于做高频机械振动的"声源"，同时还必须依赖于弹性介质的传播。超声波的传播过程包括机械振动状态和能量的同时传递。

二、超声波的特点

1. 优点

（1）方向性好。超声波具有像光波一样定向发射的特性。

（2）穿透能力强。对于大多数介质而言，它具有较强的穿透能力。例如在一些金属材料中，其穿透能力可达数米。

（3）超声波检测的工作频率远高于声波的频率，超声波的能量远大于声波的能量。

（4）遇有界面时，超声波将产生反射、折射和波形的转换。利用超声波在介质中传播时的这些物理现象，经过巧妙的设计，可大幅度提高超声检测工作的灵活性、精确度。

（5）对人体无害。

2. 超声波检测技术的适用范围

超声波检测是工业无损检测技术中应用最为广泛的方法。

就无损检测而言，超声波适用于各种尺寸的锻件、轧制件焊缝和某些铸件，无论是钢铁、有色金属和非金属，都可以采用超声波进行检验。各种机械零件、结构件、电站设备、船体、锅炉、压力容器等，都可以采用超声波进行有效的检测。

就物理性能而言，采用超声波可以无损检测厚度、材料硬度、淬硬层深度、晶粒度、液位和流量、残余应力和胶接强度等。

3. 超声波的分类

超声波有很多分类方法，按照介质质点的振动方向与波的传播方向之间的关系，可以分为纵波、横波、表面波、板波等。

（1）纵波。纵波用 L（longitudinal wave）表示，又称为压缩波或疏密波，是质点振动方向与波的传播方向互相平行的波，如图 4-1 所示。纵波可在固体、液体和气体中传播。

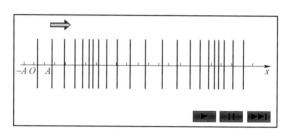

图 4-1　纵波的振动及传播方向

（2）横波。横波用 S（shear wave）或 T（transverse wave）表示，又称为切变波，是质点振动方向与波的传播方向相垂直的波，如图 4-2 所示。横波只能在固体介质中传播，不能在液体和气体介质中传播。

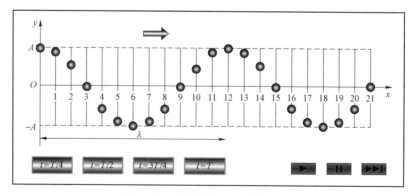

图 4-2　横波的振动及传播方向

（3）表面波。表面波用 R（rayleigh wave）表示，它是对于有限介质而言沿介质表面传播的波，又称为瑞利波，如图 4-3 所示。其特点如下：

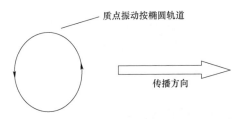

图4-3　表面波的振动及传播方向

1）只能在固体介质中传播，不能在液体和气体介质中传播。

2）表面波的能量随着在介质中传播深度的增加而迅速降低，其有效透入深度大约为一个波长。

（4）板波。在板厚和波长相当的弹性薄板中传播的超声波叫板波，分为对称板波和非对称板波，如图4-4所示。

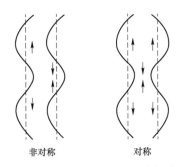

非对称　　　对称

图4-4　对称板波和非对称板波

4. 超声波在介质中的传播特性

（1）超声波垂直入射到平界面上的反射和透射。超声波在无限大介质中传播时，将一直向前传播，并不改变方向。

超声波在传播过程中如遇到异质界面（即声阻抗差异较大的异质界面）时，会产生反射和透射现象。

超声波垂直入射时的反射率和透射率各不同，绝大部分都将被反射，因此必须借助于耦合剂降低反射率，提高透射率。图4-5中，超声波从水中射向钢铁时，在水钢界面声压反射率会达到88%，声压透射率为12%。

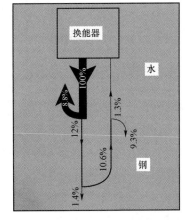

图4-5　超声波在水钢界面的反射和透射

（2）超声波倾斜入射到平界面上的反射和折射。当声波沿倾斜角到达固体介质表面时，由于介质的界面作用，将改变其传输模式（例如从纵波转变为横波，反之亦然）。传输模式的改变还导致传输速度的变化，满足斯涅尔定律。

超声波的反射与折射遵循几何光学中的反射定律与折射定律。反射定律的内容是：入射角等于反射角；入射线、反射线和界面法线在同一平面内。

5. 超声波的衰减

波在实际介质中传播时，其能量将随距离的增大而减小，这种现象称为衰减。超声波的衰减包括扩散衰减、散射衰减和吸收衰减。

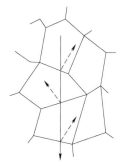

当声波在传播过程中遇到由不同声阻抗介质所组成的界面时，将产生散乱反射（简称散射）而使声能分散，造成衰减，这种现象叫散射衰减。材料中的杂质、粗晶、内应力、第二相、多晶体晶界等，均会引起超声波的反射、折射，甚至发生波形转换，造成散射衰减，如图4-6所示。

图4-6 超声波散射衰减

扩散衰减是由于几何效应导致的能量损失，仅决定于波的几何形状（例如是球面波还是柱面波），而与传播介质的性质无关。

吸收衰减是指由于介质质点之间的内摩擦使声能转变成热能，以及介质中的热交换等而导致声能的损失，可由位错阻尼、非弹性迟滞、弛豫和热弹性效应等来解释。

超声波在液体和气体中的衰减主要是由介质对声波的吸收作用引起的。有机玻璃等高分子材料的声速和密度较小，黏滞系数较大，吸收也很强烈。

一般金属材料对超声波吸收较小，与散射衰减相比可以忽略。

三、超声探伤的工作原理

将完好工件视为连续的、均匀的、各向同性的弹性传声介质。当超声波在这种介质中传播时，遵循既定的声学规律。

当声波在传播中遇到不连续的部位时，由于其与工件本身在声学特性上的差异，导致声波的正常传播受到干扰，或阻碍其正常传播，或发生反射或折射。

工件或材料中超过标准规定的不连续部位，就是缺陷或伤。采用相应的测量技术，将非电量的机械缺陷转换为电信号，并找出二者的内在关系，据以判断和评价工件质量，这就是超声探伤的工作原理。超声波探伤仪如图 4-7所示。

图 4-7 超声波探伤仪

四、超声波检测方法

1. 超声波反射法

反射法指利用超声波脉冲在试件内传播的过程中，遇有声阻抗相差较大的两种介质的界面时会发生反射的原理进行检测的方法。可采用一个探头兼做发射和接收器件，接收信号在探伤仪的荧光屏上显示，并根据缺陷及底面反射波的有无、大小及其在时基轴上的位置来判断缺陷的有无、大小及其方位。超声波通过工作时在界面和底部分别形成始波和底波的反射波，由波峰大小看出能量衰减的程度。在遇到缺陷时，由于能量衰减较多，反射波的波峰较低，据此可分辨有无缺陷。原理如图 4-8 所示。

2. 超声波透射法（穿透法）

透射法是将发射探头和接收探头分别置于试件的两个相对面上，根据超声波穿透试件后的能量变化情况，来判断试件内部质量的方法。如试件内无缺陷，声波穿透后衰减小，则接收信号较强；如试件内有小缺陷，声波在传播过程中部分被缺陷遮挡，使之在缺陷后形成阴影，接收探头只能收到较弱的信号；若试件中缺陷面积大于声束截面时，全部声束被缺陷遮挡，接收探头则收不到发射信号。原理如图 4-9 所示。

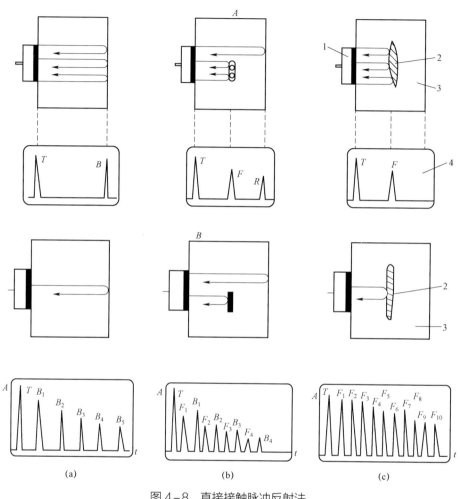

图 4-8　直接接触脉冲反射法

（a）无缺陷；（b）小缺陷；（c）大缺陷

A—一次；B—多次；1—探头；2—缺陷；3—工件；4—显示屏

3. 超声波横波检测法

利用超声波横波进行探伤的方法，称为超声波横波法探伤。目前产生横波的主要方法是：利用透声楔使纵波倾斜入射至界面，在被检材料中产生折射横波。利用这种方法在被检材料中获得单一的横波，就要求纵波的入射角必须在第一临界角与第二临界角之间，因此，横波探伤也叫斜角探伤。原理如图 4-10所示。

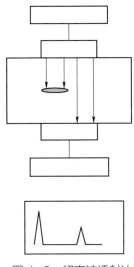

图 4-9　超声波透射法
原理（有小缺陷）

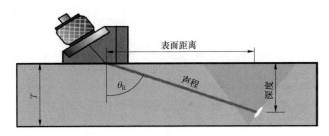

图 4-10　横波检测法

T—材料厚度；θ_R—折射角

五、显示方式

超声波探伤仪、探头和试件是超声波检测的重要设备。

超声波探伤仪是超声波检测的主体设备，它的作用是产生电振荡并加于换能器——探头，激励探头发射超声波，同时将探头送回的电信号进行放大，通过一定方式显示出来，从而得到被检工件内部有无缺陷以及缺陷位置和大小的信息。

按照缺陷显示方式分类,探伤仪可分为 A 型、B 型和 C 型显示探伤仪。

1. A 型显示探伤仪

A 型显示是一种波形显示,探伤仪荧光屏的横坐标代表声波的传播时间（或距离）,纵坐标代表反射波的幅度,由反射波的位置可以确定缺陷位置,由反射波的幅度可以估算缺陷大小, 如图 4-11 所示。

2. B 型显示探伤仪

B 型显示是一种图像显示,探伤仪荧光屏的横坐标是靠机械扫描代表探头的扫查轨迹,纵坐标是靠电子扫描来代表声波的传

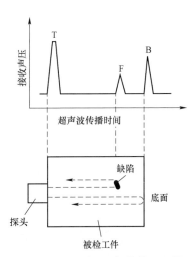

图 4-11　A 型显示探伤仪原理图

播时间（或距离），因而可以直观地显示出被检工件任一纵截面上缺陷的分布及缺陷的深度（缺陷长度和埋藏深度），如图 4-12 所示。

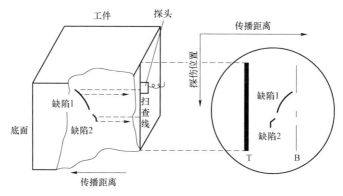

图 4-12　B 型显示探伤仪原理图

3. C 型显示探伤仪

C 型显示也是一种图像显示，探伤仪荧光屏的横坐标和纵坐标都是靠机械扫描来代表探头在工件表面的位置。探头接收信号幅度以光点灰度表示，因而当探头在工件表面移动时，荧光屏上便显示出工件内部与检测面平行的平面内的缺陷图像（长度和宽度），但不能显示缺陷的深度，如图 4-13 所示。

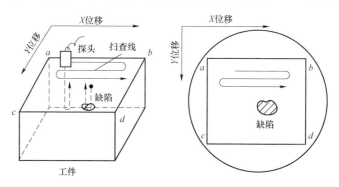

图 4-13　C 型显示探伤仪原理图

第三节　射　线　检　测　技　术

一、射线检测的物理基础

在射线检测中应用的射线主要是 X 射线、γ 射线和中子射线。X 射线和 γ

射线属于电磁辐射，而中子射线是中子束流。

1. X 射线

X 射线又称伦琴射线，是射线检测领域中应用最广泛的一种射线，波长范围为 0.0006～100nm（见图 4–14）。在 X 射线检测中常用的波长范围为 0.01～50nm。X 射线的频率范围为 $3\times10^9\sim5\times10^{14}$MHz。

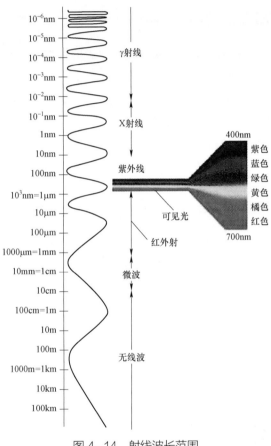

图 4–14 射线波长范围

2. γ 射线

γ 射线是一种波长比 X 射线更短的射线，波长范围为 $1\times10^{-6}\sim0.1$nm（见图 4–14），频率范围为 $3\times10^{12}\sim1\times10^{15}$MHz。

工业上广泛采用人工同位素产生 γ 射线。由于 γ 射线的波长比 X 射线更短，所以具有更大的穿透力。在无损检测中 γ 射线常被用来对厚度较大的工件和大型整体工件进行射线照相。

3．中子射线

中子是构成原子核的基本粒子。中子射线是由某些物质的原子在裂变过程中逸出高速中子所产生的。工业上常用人工同位素、加速器、反应堆来产生中子射线。在无损检测中中子射线常被用来对某些特殊部件（如放射性核燃料元件）进行射线照相。

二、X射线的产生

X射线发生器主要由四部分组成：发射电子的灯丝（阴极）、受电子轰击的阳极靶面、加速电子装置——高压发生器、真空封闭装置，它们共同组成的核心部分为X射线管，如图4-15所示。X射线管是一种两极电子管，将阴极灯丝通电加热，使之白炽而发出电子。在管的两板（灯丝与靶）间加上几十至几百千伏电压后，由灯丝发出的电子即以很高的速度撞击靶面，此时电子能量的绝大部分将转化为热能形式散发掉，而极少一部分以X射线能量形式辐射出来，其波长为0.01～50nm。

X射线通常是将高速运动的电子作用到金属靶（一般是重金属）上而产生的。图4-16是在35kV的电压下时，电子撞击钨靶与钼靶产生的典型的X射线谱。钨靶发射的是连续光谱，而钼靶除发射连续光谱之外还叠加了两条特征光谱，

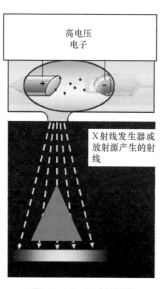

图4-15　X射线管

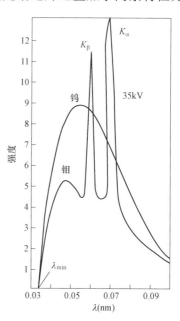

图4-16　钨与钼的X射线谱

称为标识 X 射线，即 K_α 线和 K_β 线。若要得到钨的 $K_α$ 线和 $K_β$ 线，则电压必须加到 70kV 以上。

1. 连续 X 射线

根据电动力学理论，具有加速度的带电粒子将产生电磁辐射。在 X 射线管中，高压电场加速了阴极电子，当具有很大动能的电子达到阳极表面时，由于猝然停止，它所具有的动能必定会转变为电磁波辐射出去。由于电子被停止的时间和条件不同，所以辐射的电磁波具有连续变化的波长。

2. 标识 X 射线

根据原子结构理论，原子吸收能量后将处于受激状态，受激状态原子是不稳定的，当它回复到原来的状态时，将以发射谱线的形式放出能量。在 X 射线管内，高速运动的电子到达阳极靶时将产生连续 X 射线。如果电子的动能达到相当的数值，可足以打出靶原子（通常是重金属原子）内壳层上的一个电子，该电子或者处于游离状态，或者被打到外壳层的某一个位置上。于是原子的内壳层上有了一个空位，邻近壳层上的电子会填充这个空位，这样就发生相邻壳层之间的电子跃迁。这种跃迁将发射出线状的 X 射线。显然，这种 X 射线与靶金属原子的结构有关，因此称其为标识 X 射线或特征 X 射线。标识 X 射线通常频率很高，波长很短。

三、γ 射线的产生

放射性同位素产生 α 或 β 衰变之后，若仍处于高能级的激发状态，必定要释放多余的能量回到低能级的稳定状态（基态），这时原子核发射 γ 射线释放多余的能量，其机理是核内能级之间的跃迁产生，如图 4-17 所示。

四、中子射线的产生

（1）同位素中子源——利用天然放射性同位素的 α 粒子轰击铍，引起核反应产生中子，强度较低。

（2）加速器中子源——用被加速的带电粒子去轰击适当的靶，可产生各种能量的中子，强度比普通同位素中子源高，如图 4-18 所示。

（3）反应堆中子源——利用重核裂变，在反应堆内形成链式反应，不断地产生大量中子。反应堆中子源是目前能量最大的中子源。

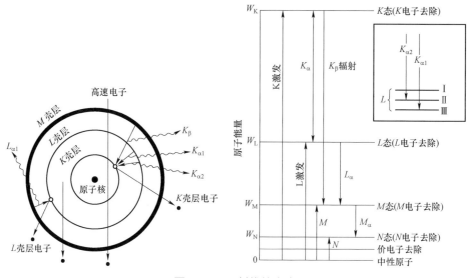

图 4-17　γ 射线的产生

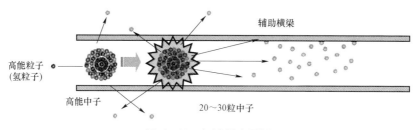

图 4-18　加速器中子源

五、射线检测及其特点

　　射线检测的基础是利用 X 射线或γ射线可以穿透金属，在正常和缺陷部位产生吸收差别，因此形成射线强度变化的潜影，再通过胶片感光形成缺陷的影像。从检测技术本身来说，射线检测具有缺陷影像可长时间保存的特点，因此在工业中得到了较广泛的应用。其中，X 射线检测的灵敏度与清晰度较好，应用较多，在没有电源的情况下可以采用放射性同位素源产生的γ射线进行检测。

　　射线检测的特点如下。

　　（1）适用于几乎所有材料，而且对零件形状及表面粗糙度均无严格要求，对厚至半米的钢或薄如纸片的树叶、邮票、油画、纸币等均可检查内部质量。

　　（2）能直观地显示缺陷影像，便于对缺陷进行定性、定量和定位。

　　（3）射线底片能长期存档备查，便于分析事故原因。

（4）射线检测对气孔、夹渣、疏松等体积型缺陷的检测灵敏度较高，对平面缺陷的检测灵敏度较低，如当射线方向与平面缺陷（如裂纹）垂直时就很难检测出来，只有当裂纹与射线方向平行时才能够对其进行有效检测。

（5）射线对人体有害，使用时需要注意防护。

六、射线通过物质的衰减规律

1. 射线与物质的相互作用

强度均匀的射线照射被检物体时，会产生能量的衰减，其衰减程度与射线的能量（波长），被穿透物体的质量、厚度及密度有关。如果被照物体是均匀的，射线穿过物体衰减后的能量只与其厚度有关。当物体内有缺陷时，在缺陷内部穿过射线的衰减程度则不同，最终得到不同强度的射线，如图 4-19 所示。

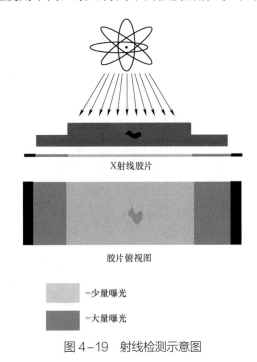

图 4-19　射线检测示意图

2. X 射线检测的基本原理

X 射线检测是利用 X 射线通过物质衰减程度与被通过部位的材质、厚度和缺陷的性质有关的特性，使胶片感光成黑度不同的图像来实现的。当一束强度为 I_0 的 X 射线平行通过被检测试件（厚度为 d）后，被测试件表面有高度为 h 的凸起时，则 X 射线强度将衰减为

$$I_h = I_0 e^{-\mu(d+h)}$$

如果在被测试件内，有一个厚度为 x、吸收系数为 μ' 的某种缺陷，则射线通过后，强度衰减为

$$I_x = I_0 e^{-[\mu(d-x)+\mu'x]}$$

若缺陷的吸收系数小于被测试件本身的线吸收系数，则 $I_x > I_d > I_h$，于是，在被检测试件的另一面就形成一幅射线强度不均匀的分布图。通过一定方式将这种不均匀的射线强度进行照相或转变为电信号指示、记录或显示，就可以评定被检测试件的内部质量，达到无损检测的目的。

七、检测方法

目前工业上主要的检测方法有照相法、电离检测法、荧光屏直接观察法、电视观察法等方法。

1. 照相法

照相法是将感光材料（胶片）置于被检测试件后面，来接收透过试件的不同强度的射线。因为胶片乳剂的摄影作用与感受到的射线强度有直接的关系，经过暗室处理后就会得到透照影像，根据影像的形状和黑度情况来评定材料中有无缺陷及缺陷的形状、大小和位置。

照相法灵敏度高，直观可靠，重复性好，是最常用的方法之一。

2. 电离检测法

当射线透过气体时，与气体分子撞击，有的气体分子失去电子而电离，生成正离子，有的气体分子得到电子而生成负离子，此即气体的电离效应。气体的电离效应将产生电离电流，电离电流的大小与射线的强度有关。如果让透过试件的 X 射线再通过电离室进行射线强度的测量，便可以根据电离室内电离电流的大小来判断试件的完整性。这种方法自动化程度高、成本低，但对缺陷性质的判别较困难，只适用于形状简单、表面平整的工件，一般应用较少，但可制成专用设备。

3. 荧光屏直接观察法

将透过试件的射线投射到涂有荧光物质（如 ZnS/CaS）的荧光屏上时，在荧光屏上会激发出不同程度的荧光。荧光屏直接观察法是利用荧光屏上的可见影像直接辨认缺陷的检测方法。它具有成本低、效率高、可连续检测等优点，适应于形状简单、要求不严格的产品的检测。

4. 电视观察法

电视观察法是荧光屏直接观察法的发展，就是将荧光屏上的可见影像通过

光电倍增管增强图像，再通过电视设备显示。这种方法自动化程度高，可观察静态或动态情况，但检测灵敏度比照相法低，对形状复杂的零件检查较困难。

5. 线阵列探测器

它由许多小型 X 射线灵敏元件组成，数量达 512～1024 个，甚至更多。当工件运动或线性二极管阵进行自身扫查时，各元件会测得 X 射线潜影强度的变化，经光导耦合与信号处理，从而形成缺陷的二维图像。然而，如果想获得较高分辨率，则会花费很长的测量时间。目前，这种方法仅适用于加速电压在 150kV 以下产生的射线。

第四节　磁粉检测技术

一、磁粉检测的优点和局限性

利用磁粉的聚集显示铁磁性材料及其工件表面与近表面缺陷的无损检测方法称为磁粉检测法。该方法既可用于板材、型材、管材及锻造毛坯等原材料及半成品或成品表面与近表面质量的检测，也可以用于重要机械设备、压力容器及石油化工设备的定期检查。

磁粉检测方法虽然也能探查气孔、夹杂、未焊透等体积型缺陷，但对面积型缺陷更灵敏，更适于检查因淬火、轧制、锻造、铸造、焊接、电镀、磨削、疲劳等引起的裂纹。

1. 主要优点

（1）可以直观地显示出缺陷的形状、位置与大小，并能大致确定缺陷的性质。

（2）检测灵敏度高，可检出宽度仅为 0.1μm 的表面裂纹。

（3）应用范围广，几乎不受被检工件大小及几何形状的限制。

（4）工艺简单，检测速度快，费用低廉。

2. 主要缺点

（1）该方法仅局限于检测能被显著磁化的铁磁性材料（Fe、Co、Ni 及其合金）及由其制作的工件的表面与近表面缺陷；不能用于抗磁性材料（如 Cu）及顺磁性材料（如 Al、Cr、Mn）（工程上统称为非磁性材料）的检测。

（2）无法确知缺陷的深度。

（3）观察评定必须由检测人员的眼睛观察。

（4）难以实现真正的自动化检测。

（5）检测结果还只能通过照相或贴膜等方式处理。

二、磁粉检测原理

磁粉检测是利用铁磁物质内的缺陷磁导率的变化，"切割"铁磁物质表面或近表面内的磁感应线，导致磁感应线在缺陷附近离开或进入试件表面，形成"漏磁场"，通过漏磁场感应并吸附磁粉于缺陷附近而形成磁痕，以放大的形式显示缺陷的部位和大小形态，如图 4-20 所示。

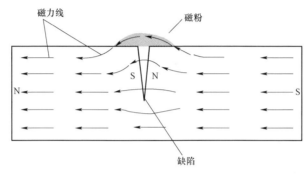

图 4-20　漏磁场原理图

铁磁性物质的磁导率很大，当铁磁性物质被磁化后，其磁感应强度 $B=\mu H$ 就很大。这相当于在试件的单位面积上穿过的磁感应线数 B 很多且按一定的方向排列，如果试件里有缺陷，并当缺陷的方向与磁感应线接近垂直时，缺陷的存在就会明显地改变磁感应线在试件内的分布。

这是因为缺陷（如裂纹、非金属夹杂物等）一般都是非铁磁性物质，其磁导率远小于铁磁性物质的磁导率。磁化区域在外磁化条件相同的情况下，单位面积上能穿过的磁感应线数比铁磁性物质少得多，即缺陷区域不能容纳与铁磁性物质那样多的磁感应线全部贯通，但磁感应线又是连续的，缺陷区域会影响这部分磁感应线，并导致它从缺陷以下的磁性材料里贯通，部分磁感应线绕过缺陷在材料内部发生弯曲；又由于这部分材料所能容纳的磁感应线数目有上限，以及缺陷本身的形态和在试件中的位置等关系，所以有部分磁感应线溢出试件表面，即磁感应线从试件中缺陷所在区域的一边离开试件，从缺陷的另一边进入试件，因而在缺陷的两边分别形成 N 极和 S 极，产生了漏磁场。

设在被检工件表面上有漏磁场存在，如果在漏磁场处撒上磁导率很高的磁粉，因为磁力线穿过磁粉比穿过空气更容易，所以磁粉会被该漏磁场吸附。被磁化的磁粉沿缺陷漏磁场的磁力线排列。在漏磁场力的作用下，磁粉向磁力线最密集处移动，最终被吸附在缺陷上。由于缺陷的漏磁场有比实际缺陷本身大数倍乃至数十倍的宽度，故而磁粉被吸附后形成的磁痕能够放大缺陷。通过分析磁痕评价缺陷，即是磁粉检测的基本原理。

三、影响漏磁场强度的主要因素

磁粉检测灵敏度的高低取决于漏磁场强度的大小。实际检测中，真实缺陷漏磁场的强度受到多种因素的影响，主要因素如下。

1. 外加磁场强度

缺陷漏磁场强度的大小与工件被磁化的程度有关。一般说来，如果外加磁场能使被检材料的磁感应强度达到其饱和值的 80%以上，缺陷漏磁场的强度就会显著增加。通常用外加磁场的提升力来表示磁场强度的大小，提升力越大，磁场强度越大。

2. 缺陷的位置与形状

就同一缺陷而言，随着埋藏深度的增加，其漏磁场的强度将迅速衰减至近似于零。另一方面，缺陷切割磁力线的角度越接近正交，即 90°，其漏磁场强度越大，反之亦反。事实上，磁粉检测很难检出与被检表面所夹角度小于 20° 的夹层。此外，在同样条件下，表面缺陷的漏磁场强度随着其深、宽比的增加而增加。

四、磁化方法及过程

1. 磁化方法

（1）周向磁化。周向磁化是在被检工件上直接通电，或让电流通过平行于工件轴向放置的导体的磁化方法，目的是建立起环绕工件周向并垂直于工件轴向的闭合周向磁场，以发现取向基本与电流方向平行的缺陷，如图 4–21 所示，小型零件通常使用如图 4–22 所示方法。

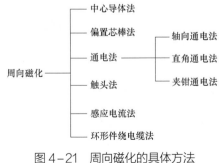

图 4–21　周向磁化的具体方法

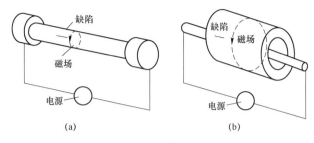

(a)   (b)

图 4-22   整体周向磁化

（a）直接通电法；（b）中心导体法

对于大型工件，根据被测部位及灵敏度要求选择触点距离和电流大小。同一被检部位通过改变触点连线方位的方法，至少进行两次相互垂直的检测，以免漏检，触头电压不超过 24V。如图 4-23 所示。

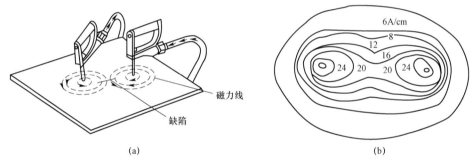

(a)   (b)

图 4-23   大型零件的触头法检测

（a）触头法检测；（b）触头法检测的磁场强度

（2）纵向磁化。纵向磁化是用环绕被检工件或磁轭铁心的励磁线圈在工件中建立起沿其轴向分布的纵向磁场，以发现取向基本与工件轴向垂直的缺陷。通常有如图 4-24 所示的三种具体方法，常用磁轭法和线圈法。电磁轭局部磁化法主要用于板材的局部检测，效果明显，管材的局部缺陷检测通常用线圈法检测纵向缺陷，如图 4-25 所示。

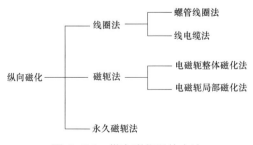

图 4-24   纵向磁化具体方法

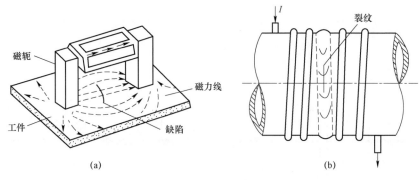

图 4-25 局部磁化法

（a）电磁轭局部磁化；（b）管道的局部纵向磁化

（3）复合磁化。复合磁化又称多向磁化，在被检工件上同时施加两个或两个以上不同方向的磁场，避免发生缺陷遗漏现象。具体方法如图 4-26 所示。

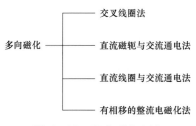

图 4-26 复合磁化方法

（4）旋转磁化。旋转磁化是将绕有激磁线圈的 Ⅱ 型磁铁交叉放置，各通以不同相位的交流电，产生圆形或椭圆形磁场（即合成磁场的方向做圆形旋转运动），如图 4-27 所示。旋转磁化能发现沿任意方向分布的缺陷。

2. 磁化电流

磁化电流分为交流磁化法、直流磁化法和半波整流磁化法。具体分析如下。

（1）交流磁化。交流磁化以工频交变电流作为磁化电流，由于有振动作用存在，磁粉会跳动并聚集，因此磁痕形成速度较直流快，并且退磁容易，但检验深度较小。在用交流电做剩磁法检验时，必须控制断电相位，以免电流为零时断电而未充上磁造成漏检。交流磁化是应用最广的磁化方法。

交流磁化的主要优点如下：

1）交流电的趋肤效应能提高磁粉检测检验表面缺陷的灵敏度。

2）只有使用交流电才能在被检工件上建立起方向随时间变化的磁场，实现复合磁化。

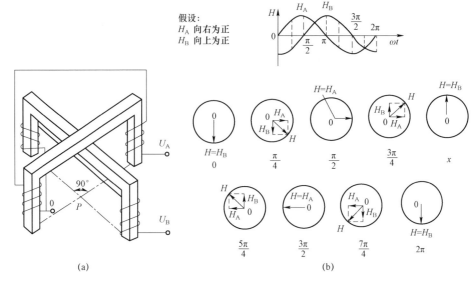

图 4-27 旋转磁化

（a）交叉磁轭的结构；（b）旋转磁场的方向变化

3）与直流磁化相比，交流磁场在被检工件截面变化部位的分布较为均匀，有利于对这些部位缺陷进行检测。

4）交流电的不断换向有利于磁粉在被检工件表面上的迁移，可提高检测的灵敏度。

5）交流磁化的磁场浅，容易退磁。

6）设备简单，易于维修，价格便宜。

交流磁化的主要缺点如下：

1）由于趋肤效应的影响，交流磁化对近表面缺陷的检出能力不如直流磁化强。

2）交流磁化后被检工件上的剩磁不稳定，因此用剩磁法检测时，一般需要在交流探伤机上加配断电相位控制器，以保证获得稳定的剩磁。

（2）直流和整流磁化。采用直流（恒定电流）或经全波整流的脉动直流作为磁化电流，可达到较大的检验深度，但检验后的退磁比较困难（目前常需要使用低频直流退磁），且磁化设备较复杂，价格昂贵。整流电有单相半波、单相全波、三相半波和三相全波整流等几种类型。

1）随电流波动型脉动程度的减小，其磁场的渗透能力增强，可检出的缺陷埋藏深度随之增大。

2）直流磁化可检出的缺陷埋藏深度最大。

3）可获得较稳定的剩磁，但退磁也较困难。

4）在整流或直流磁化的被检工件的截面突变部位，容易出现磁化不足或过量磁化的情况，造成漏检。

3. 施加磁粉的方法

（1）干法。用干燥磁粉（粒度 10～60μm）进行磁粉检测。

（2）湿法。磁粉（粒度 1～10μm）悬浮在油、水或其他载体中进行磁粉检测。灵敏度高，特别适合检测疲劳裂纹等细微缺陷。

4. 检测方法

根据磁粉检验的方法不同（即喷洒磁粉和观察评定的时机不同），可以分为外加法（连续法）和剩磁法。

（1）连续法。在有外加磁场作用的同时向被检表面施加磁粉或磁悬液的检测方法称为连续法。低碳钢及所有退火状态或经过热变形的钢材均应采用连续法，一些结构复杂的大型构件也宜采用连续法。这种方法的优点是能以较低的磁化电流达到较高的检测灵敏度，特别是适用于矫顽力低、剩磁小的材料（例如低碳钢），缺点是操作不便、检验效率低。

1）湿法连续磁化。在磁化的同时施加磁悬液，每次磁化的通电时间为 0.5～2s，磁化间歇时间不超过 1s，至少在停止施加磁悬液 1s 后才可停止磁化。

2）干粉连续磁化。先磁化后喷粉，待吹去多余的磁粉后才可以停止磁化。

连续法灵敏度高，但效率低，易出现干扰显示。复合磁化法只能在连续法检测中使用。

（2）剩磁法。利用被检工件充磁后的剩磁进行检验，即对工件充磁后，断开磁化电流后再喷洒磁粉（磁悬液）和进行观察评定。这种方法的优点是操作简便、检验效率高，缺点是需要较大的充磁电流（约为外加法所用磁化电流的 3 倍），要求被检工件材料具有较高的矫顽力和剩磁（以保证充磁后的剩磁能满足检验灵敏度的需要），并且在使用交流电或半波整流作为磁化电流时，必须注意控制断电相位。

在经过热处理的高碳钢或合金钢中，凡剩余磁感应强度在 0.8T 以上、矫顽力在 800A/m 以上的材料均可用剩磁法检测。剩磁的大小主要取决于磁化电流的峰值，而通电时间原则上控制在 0.25～1s。一般不使用干粉。

5. 磁痕分析与记录

磁粉在被检表面上聚集形成的图像称为磁痕，使用 2～10 倍的放大镜观察。

观察非荧光磁粉的磁痕时，被检表面的白光照度要达到 1500lx 以上；观察荧光磁粉的磁痕时，被检表面上的紫外线照度不低于 970lx，同时白光照度不大于 10lx。

光照度是表明物体被照明程度的物理量。光照度与照明光源、被照表面及光源在空间的位置有关，大小与光源的光强和光线的入射角的余弦成正比，而与光源至被照物体表面的距离的平方成反比。

6. 退磁

被检工件上带有的剩磁往往是有害的，如影响安装在其周围的仪表、罗盘等计量装置的精度或吸引铁屑增加磨损；干扰焊接过程，引起磁偏吹；影响以后的磁粉检测。因此，被检工件需要退磁，即将被检工件内的剩磁减小到不妨碍正常使用的程度。

如果工件在经过磁粉检验后还要进行温度超过居里点的热处理或者热加工，则可以不必进行退磁处理。一般的工件在经过磁粉检验后均应进行退磁处理，以防止残留磁性在工件的后续加工或使用中产生不利影响。退磁的方法主要是采用交流线圈通电的远离法，或者不断变换线圈中直流电正负方向并逐步减弱电流大小至零的退磁法等，退磁程度通常使用如磁强计等袖珍型测磁仪器来检查。

7. 清理

清除被检工件表面上残留的磁粉或磁悬液，方法如下。

（1）油磁悬液：用汽油清洗。

（2）水磁悬液：用水冲洗，干燥，涂抹防护油。

（3）磁粉：直接用压缩空气吹扫。

第五节　渗　透　检　测　技　术

一、概述

渗透检测又叫渗透探伤，是一种检测材料（或零件）表面和近表面开口缺陷的方法。它几乎不受材料的限制，也不受零件的形状、大小、组织结构、化学成分和缺陷方位的限制，可广泛用于锻件、铸件、焊接件、各种机加工零件及陶瓷、玻璃、塑料、粉末冶金等零件的表面质量检验。

渗透检测就是把被检测的结构件表面处理干净后，使渗透液与受检表面接触，由于毛细作用，渗透液将渗透到表面开口的细小缺陷中。然后去除零件表面残存的渗透液，再用显像剂吸出已渗透到缺陷中的渗透液，从而在零件表面显示出损伤或缺陷的图像。

渗透检测不需要特别复杂的设备，操作简单，缺陷显示直观，检测灵敏度高，检测费用低，对复杂零件可一次检测出各个方向的缺陷。

但是渗透检测不适用于多孔材料的检测，探伤结构受表面粗糙度和检测人员技术水平的影响，它只能检测表面开口缺陷，对内部缺陷无能为力。

二、渗透检测的基本原理

渗透检测的基本原理是依据液体的某些特性为基础，可从四个方面加以叙述。

1. 渗透

将工件浸渍在渗透液中（或采用喷涂、毛刷将渗透液均匀地涂抹于工件表面），如工件表面存在开口状缺陷，依据毛细原理，渗透液就会沿缺陷边壁逐渐浸润而渗入缺陷内部，如图 4-28（a）所示。

2. 清洗

渗透液充分渗入缺陷内以后，用水或溶剂将工件表面多余的渗透液清洗干净，如图 4-28（b）所示。

3. 显像

将显像剂（氧化镁、二氧化硅）配制成显像液并均匀地涂覆在工件表面，形成显像膜，残留在缺陷内的渗透液通过毛细作用被显像剂吸附，在工件表面显示放大的缺陷痕迹，如图 4-28（c）所示。

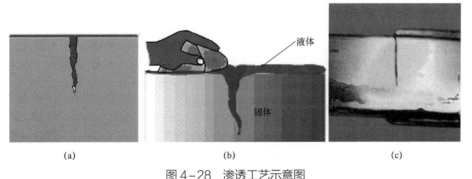

(a)　　　　　　　　(b)　　　　　　　　(c)

图 4-28　渗透工艺示意图

（a）渗透液渗入缺陷内部；（b）清洗渗透液；（c）显像

4. 观察

在自然光下（着色渗透法）或在紫外线灯照射下（荧光渗透法），检验人员

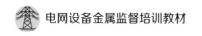

用目视法进行观察。

三、渗透检测的特点及适用范围

1. 渗透检测的特点

液体渗透检测可以检查金属和非金属材料表面开口状的缺陷。与其他无损检测方法相比，液体渗透检测具有检测原理简单、操作容易、方法灵活、适应性强的特点，可以检查各种材料，且不受工件几何形状、尺寸大小的影响，对于小零件可以采用浸液法，对大零件可采用刷涂或喷涂法，可检查任何方向的缺陷。

液体渗透检测又分着色法和荧光法，其原理都是基于液体的某些物理特性，只是观察缺陷的形式不同。着色法是在可见光下观察缺陷，而荧光法是在紫外线灯的照射下观察缺陷。

液体渗透检测对表面裂纹有很高的检测灵敏度（已能达到检测开口宽度达0.5mm的裂缝）。其缺点是操作工艺程序要求严格、烦琐，不能发现非开口表面的皮下和内部缺陷，检验缺陷的重复性较差。

2. 渗透检测的适用范围

在工业生产中，液体渗透检测用于工艺条件试验、成品质量检验和设备检修过程中的局部检查等。它可以用来检验非多孔性的黑色和有色金属材料以及非金属材料，能显示的各种缺陷如下。

（1）铸件表面的裂纹、缩孔、疏松、冷隔和气孔。

（2）锻件、轧制件和冲压件表面的裂纹、分层和折叠等。

（3）焊接件表面的裂纹、熔合不良、气孔等。

（4）金属材料的磨削裂纹、疲劳裂纹、应力腐蚀裂纹、热处理淬火裂纹等。

（5）酚醛塑料、陶瓷、玻璃等非金属材料和器件的表面裂纹等缺陷。

（6）各种金属、非金属容器泄漏的检查。

（7）在役设备检修时的局部检查。

因为缺陷显示的图像难以判断，所以液体渗透不适用于检查多孔性材料或多孔性表面缺陷。

四、渗透检验的基本检验程序

1. 试件表面的预清洗

试件表面可经过如酸洗、碱洗、溶剂清洗等使试件表面清洁，防止表面污物遮蔽缺陷和形成不均匀的背景衬托造成判别困难，并且应尽可能地去除表面开口缺陷中的填充物，清洗后还需进行干燥，以保证渗透效果。预清洗工序中特别要注意采用的清洗介质不能影响所应用的渗透液的性能（即不应与渗透液发生反应而导致渗透液失效或性能下降）。

2. 渗透

着色渗透检验采用的着色渗透液一般是加入了红色染料的有机溶剂，并含有增强渗透能力的界面活性剂以及其他为保障渗透液性能的添加剂。也有一种着色渗透液属于反应型渗透液，它本身是无色透明的，但是遇到显像剂后将会发生化学反应而在白光下呈现红色。

渗透液的施加通常可以采用特殊包装的喷罐进行喷涂，或者刷涂，适应于现场检验或者大型工件、构件的局部检验，对于生产线上或者批量小零件则可以采用浸渍方式，使被检测的试件均匀敷设渗透液并在润湿状态下保持一段时间（工艺上称为渗透时间）以保证充分渗透。

3. 清洗

渗透后清洗也称作中间清洗，根据渗透液种类的不同有不同的清洗方法。对于溶剂型渗透液采用专门的溶剂型清洗液，对水洗型渗透液可直接采用清水。清洗工序的目的是通过擦拭或冲洗方式将试件表面上多余的渗透液清除干净，但应注意防止清洗时间过长或者清洗用的水压过大以致造成过清洗（即连同渗入缺陷内的渗透液也被清洗掉而失去检验的可靠性），但也不能欠清洗（清洗不足）而导致试件表面残留较多的渗透液以致在施加显像剂时形成杂乱的背景，干扰对检测痕迹的辨别。

4. 干燥

清洗后的试件还需经过一定时间的自然干燥（如溶剂型清洗液）或人工干燥（如清水清洗、采用冷风或热风干燥，或者木屑干燥等）。

5. 显像

着色渗透检验的显像剂一般采用白色粉末（例如氧化锌、氧化镁等，用以提高试件上的背景对比度）加入到有机溶剂中并含有一定的胶质（有利于固定、约束痕迹，防止痕迹的扩张弥散而难以辨认），组成均匀的悬浮液。

显像剂的施加方法同样可以采取喷罐喷涂、刷涂，或者快速浸渍后立即提起垂挂滴干等方式，要点是能迅速地在试件表面敷设一层薄而均匀的显像剂覆盖在试件的被检验表面。施加显像剂后，视具体显像剂产品的要求，需要有一个显像时间能让缺陷中的渗透液反渗出来形成痕迹，这个时间一般很短（通常只需要数秒钟，有的甚至即喷即显）。

6. 观察评定

在足够强的白光或自然光下用肉眼观察被检查的试件表面，并对显现的痕迹进行判断与评定。由于是依靠人眼对颜色对比进行辨别，因此除了对于观察用的光强有一定要求外，对检验人员眼睛的视力和辨色能力也有一定的要求（例如不能有色盲）。

7. 后清洗

经过着色渗透检验后的试件必须及时进行清洗，以防止检验介质（渗透液、显像剂）对试件产生腐蚀。

渗透检测缺陷的过程如图 4-29 所示。图 4-29（a）为清洗好的试件；图 4-29（b）为喷撒渗透剂的试件，焊缝表面有一层红色的渗透剂；图 4-29（c）为喷撒显像剂的试件，经过约 7min 的显像，缺陷处由白变红，说明此处存在缺陷。

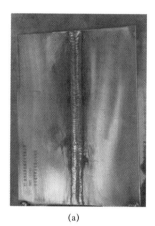
(a)

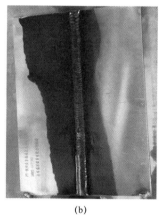
(b)

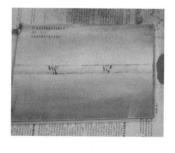
(c)

图 4-29　渗透检测缺陷过程图

（a）清洗好的试件；（b）喷撒渗透剂的试件；（c）喷撒显像剂的试件

第六节　理 化 检 测 技 术

一、理化检测概述

电力设备的材料性能是保证设备能够长期、安全、可靠使用的一个重要因素，理化检测和无损检测共同组成了对设备材料性能的检验检测方法。无损检测是针对表面和内部缺陷的检测，不会对设备或试件造成损伤；理化检测是对成分、性能和宏观、微观组织结构的检测，具有破坏性。

理化检测是依据机械、电子或化学量具为手段，对其材质成分、力学性能、热处理状态等参数进行检测，以确定其是否符合规定要求的检测方法。理化检测主要包括硬度检测、光谱分析、力学性能测试、金相分析、电子光学分析（电镜、透镜、电子探针等）。

电网设备的理化检测目的如下。

1. 设备材料的验收

为保证电网安全稳定运行，电网设备对金属材料的耐腐蚀性、导电性、强度、塑韧性、显微组织等有较为严格的要求，通过理化检测技术可以检查材料是否满足相关技术要求，提高入网设备质量，也可大幅度减少后期运维检修的工作量。

2. 失效分析

电网设备的失效包括功能性失效和结构性失效，功能性失效会导致丧失应有的功能，结构性失效是指结构遭到破坏，不能再发挥其应有的作用。无论是哪种失效，都可能引起电网设备事故，造成难以挽回的损失。电网设备部件失效的原因可能源于设计、制造、运输、保存、安装、使用的任一环节，分析失效原因、根据失效原因制定相应的反事故措施，可以有效降低失效发生的概率。失效分析多是基于理化检测结果进行的，通过成分等性能指标、断口形貌或腐蚀产物检测，结合设备运行情况和受力情况就可以判断失效的直接原因和间接原因，为事故的处理、以后的改进措施或监督重点提供依据。

3. 材质劣化检查

对于受时间、温度、介质环境影响的失效模式，如金属材料的腐蚀、塑料的老化应力松弛等，往往没有预警，会发生毫无预防的突然失效，这就要求定期运用理化检测手段检查设备材质有无劣化。

二、材质分析

材质分析方法在电网设备中已经得到了一定程度的应用，也发挥了很大作用。很多电网设备金属部件的锈蚀、断裂失效等都是由于电网设备的金属部件的材质达不到标准或设计要求所致，使用材质分析往往可以找出真正原因，做到提前预防，为电网设备安全运行保驾护航。

金属材料材质分析的目的是检测金属材料中的化学组分及各组分含量，可分为定性分析和定量分析。鉴定金属材料由哪些元素所组成的试验方法称为定性分析，测定各组分间量的关系（通常以百分比表示）的试验方法称为定量分析。定性半定量分析是现在材料成分分析实验的常见情况，能基本确定被测物的组分，在定量上也有一定的参考价值。通常以下几种情况需要对金属部件材料进行材质分析：

（1）金属部件制造中的材料复验：为防止重要金属部件的材料用错或对材料的牌号有疑问时，对材料牌号进行的验证性分析。

（2）在用金属部件主体材料不明，检验中欲查清材料种类或了解某些特性、评价其合用性和安全性，对材料的元素种类和含量进行分析。

（3）在用金属部件修理需要补焊、查明材料的成分，以便选用合适的焊材和焊接工艺。

（4）在用金属部件检验中，怀疑材料在运行环境下其内表层成分发生变化，例如脱碳、增碳等，需要分析内表层化学成分，以便与正常成分比较，确定是否发生损伤。

（5）在用金属部件检验中，有时需要对腐蚀产物进行分析，以确定腐蚀的性质、原因、发展速率，以及对金属部件运行安全的影响。

以上前三种是宏观材料材质分析，后两种是微区和微量物质的材质分析。

三、分析方法

按照分析原理的不同，分析方法可分为化学分析法和仪器分析法，工程上常用仪器分析法。仪器分析法主要包括光谱分析法、色谱分析法和质谱分析法等。

（一）化学分析法

化学分析法是根据各种元素及其化合物的独特化学性质，利用彼此间的化学反应对金属材料进行定性及定量分析。化学分析方法历史悠久、精确度高，当技术要求严格或者有争议时通常采用这种方法。化学分析法一般包括取样、试样的分解、元素含量的分析、结果计算和表达等步骤。

1. 化学分析测定方法

化学分析测定方法是根据各种元素及其化合物的独特化学性质，利用与之有关的化学反应，对物质进行定性或定量分析。定量化学分析按测定方法可分为重量分析法、滴定分析法和气体容量法。各种分析方法的应用领域、使用范围各不相同，既有区别又有一定的联系，形成了完整的元素分析的体系。

2. 化学分析法的特点

（1）化学分析法的优点。

1）精度高，是国家规定的仲裁分析方式。

2）检测过程中可以用化学试剂屏蔽不同元素之间的干扰，确保检测的准确性。

3）取样采用多点采集，并深入样品的中心，特别是对于不均匀样品和表面处理后的样品，检测结果更具有代表性和准确性。

4）应用范围广，局限性小。

（2）化学分析法的缺点。

1）必须在实验室完成，检测流程较多，工作量大，所需要的时间较长。

2）检测样品在取样过程中会造成破坏。

3）对检测人员的技术要求和实验室的环境要求较高，需要一套完整的检测实验体系，不适合大批量的产品检测及工程应用。

（二）仪器分析法

仪器分析法是在化学分析的基础上逐步发展起来的，根据被测金属成分中的元素或其化合物的某些物理性质或物理与化学性质之间的相互关系，利用材料在分析过程中所产生的分析信号，应用仪器对金属材料进行定性或定量分析的方法。仪器分析法具有测定快速、灵敏、准确和高效等特点，常用的有光谱分析法、电化学分析法以及电子显微镜分析法等。

1. 光谱分析法

按照不同波长有序排列的电磁辐射组成的图像叫做光谱，每种原子都有自己的特征谱线，任一种元素在物质中的含量达到 $10\sim10$g 就可以从光谱中发现它的特征谱线。光谱分析法是根据物质与电磁波（包括从 γ 射线至无线电波的整个波谱范围）的相互关系来分析物质成分的方法。常用的分析方法有原子发射光谱法、X 射线荧光分析法、红外光谱法、X 射线衍射法以及放射化学分析法等。

2. 电化学分析法

电化学分析法是建立在物质溶液中的电化学性质基础上的一种仪器分析方法，通常将试液作为化学电池的一个组成部分，根据该电池的某种电参数（如电阻、电导、电位、电流、电量或电流—电压曲线等）与被测物质的浓度之间存在的关系而进行测定。主要包括电位法、电解法、电流法、极谱法、库仑（电量）法、电导法以及离子选择电极法等。

3. 电子显微镜分析法

电子显微镜常用的有透射电镜（TEM）和扫描电子显微镜（SEM），与光学显微镜相比，电镜用电子束代替了可见光，用电磁透镜代替了光学透镜并使用荧光屏将肉眼不可见电子束成像。与能谱仪结合，可进行材料实时微区成分分析，元素定量、定性成分分析，快速的多元素面扫描和线扫描分布测量等，适用于事故分析和科研使用。

四、常用的光谱分析仪器

常用的光谱分析仪器有利用 X 射线荧光分析法进行分析的手持式合金分析仪和利用发射光谱法进行分析的光电直读光谱仪。

（一）手持式合金分析仪

X 射线荧光光谱仪，又称为手持式合金分析仪或便携式合金分析仪，是基于 X 射线荧光光谱法而进行分析的一种常用的光谱分析仪器。

1. 原理

高能 X 射线照射到物质上面以后，其内层电子发生能级跃迁，发射出荧光 X 射线、散射 X 射线、透过 X 射线三种 X 射线，通过对荧光 X 射线的测定，从中获取元素成分信息，通过测定其强度进行定量分析的方法称为 X 射线荧光分析法，如图 4-30 所示。

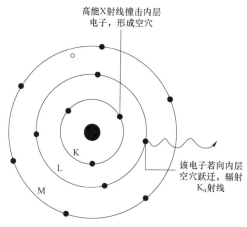

图 4-30　X 射线荧光产生原理示意图

因为每种元素原子的电子能级是特征的，因此 X 射线荧光的能量或波长也是特征的。当 K 层电子被逐出轨道后，其空穴可以被外层中任一电子所填充，从而产生一系列的谱线，称为 K 系列谱线。L 层跃迁到 K 层辐射的 X 射线称 K_α 射线，M 层跃迁到 K 层辐射的射线称 K_β 射线。同理，L 层电子被逐出也可以产生 L 系射线。

依据莫斯莱定律，X 射线荧光的波长 λ 与元素的原子序数 Z 有式（4-1）的数学关系，式中 K 和 S 是常数，只要测出 X 射线荧光的波长就可以知道元素的种类，且 X 射线荧光的强度与相应元素含量有一定的对应关系，因此可以进行元素定量分析。

$$\lambda = K(Z-S)^{-2} \tag{4-1}$$

式中　λ——波长，m；

　　　Z——原子序数；

　K、S——常数。

2. 结构及工作原理

X 射线荧光光谱仪有波长色散型（WD）和能量色散型（ED）两种基本类型。电网设备光谱分析中常用的手持式 X 射线荧光光谱仪属于能量色散型，其一般由激发源（X 射线管）、滤光片、探测系统、数据处理软件组成。

X 射线荧光分析技术成熟，仪器体积小，操作简单，效率高，对操作者要求不高，在工程上得到了广泛应用。图 4-31 为 X12-800 型手持式 X 射线荧光光谱仪。

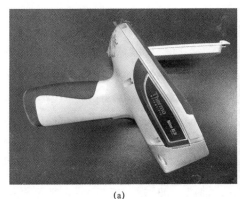
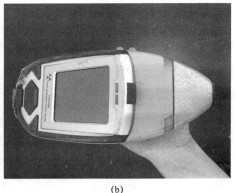

(a)　　　　　　　　　　　　　　(b)

图 4-31　X12-800 型手持式 X 射线荧光光谱仪

(a) 侧面；(b) 正面

3. 特点

（1）手持式 X 射线荧光光谱仪的优点。

1）检测范围广，不锈钢、镍合金、12Cr 钢、蒙耐尔合金（铜–镍合金）、Cr–Mo 钢、低合金钢、工具钢、Cu 合金（黄铜、青铜）、T 合金、A 合金、稀有金属等元素成分均可检测。

2）体积小、重量轻，方便携带到现场使用。

3）操作简单，使用方便，不需要专业的操作人员和长时间的培训。

4）检测效率高，受检样品正常不需要进行预处理，只要表面无污染即可。一般情况下，5～15mm 样品就可以完成检测。

5）属于非破坏性检测，在检测过程中不会引起被测样品化学状态的改变，不毁坏样品。

6）检测结果精度高，结果重现性好。

（2）手持式 X 射线荧光光谱仪的缺点。

1）只能准确检测金属元素，对于非金属元素和界于金属和非金属之间的元素很难做到精准检测，如 C、Si、Mg、P、S 等元素。

2）难以定量绝对分析，容易受相互元素干扰和叠加峰影响，对检测结果有疑惑时，需采用其他检测方法。

3）不能作为仲裁分析方法，检测结果不能作为国家认证根据。

4）在仪器发生变化或标准样品发生变化时，需要重新校核标准曲线模型。

4. 检测方法

（1）分析前的准备。

1）资料收集。进行带电设备的金属部件光谱分析之前，应首先了解被检部件的名称、材料牌号、热处理状态等，熟悉该金属部件材质牌号或所含化学元素种类及合金元素含量。一般来说，电网设备金属部件的材质要求来自两个途径：① 国家标准、行业标准或企业标准的要求；② 制造厂的设计要求。若被检测的部件材质在国家标准、行业标准、企业标准中有要求，则按照标准要求执行；若未有明确要求，则可按照制造厂对该部件的设计要求执行。

2）被检部件表面状况准备。到达作业现场后，应检查被检材料和环境是否存在影响分析结果的因素，如是否有镀层、油漆、油污、氧化层等，如果有必须清理干净，避免这些因素对检测结果造成影响。然后对被检测部件进行宏观检查，部件表面不得有裂纹、疏松、腐蚀、氧化等，被检材料还应有一定的平整面，能覆盖检测窗口，若被检设备平整面较小，可以打开小点检测模式，将仪器检测视窗调整至 3mm 直径的圆周范围。

3）打磨处理。若对铁基材料进行分析，分析面可用砂轮机或砂纸打磨处理。

但值得注意的是：分析铁基材料中的铝元素、硅元素、碳元素时，分析面不应使用含铝的磨料（如氧化铝）、含硅磨料（如硅砂轮）和含碳磨料（如碳化硅）打磨处理。分析铜基、铝基材料，分析面不宜用砂轮机打磨。

4）仪器准备。仪器使用前检查是否正常，电源是否充足。开机后应使用相近材质的标准样品进行状态确认，若仪器显示元素含量和标准样品接近，则可接受；若相差较远，则按照说明书进行校准。

（2）现场分析测量。手持式 X 射线光谱分析仪测量操作比较简单，操作步骤如下：

1）检查被检测部位表面状况是否合乎检测要求。

2）将检测窗口对准被检测部位，让检测窗口与被检测部位尽量贴合好。

3）扣动光谱仪扳机，等待 10～30s（根据设备实际检测情况而定）。

4）从显示屏读出示数。分析成分均匀材料应至少检测 3 次，取其平均值作为检测结果。

5）做好现场记录。

6）判定是否合格。

7）编写检测报告。

（二）光电直读光谱仪

光电直读光谱仪利用原子发射光谱法进行分析，光敏元件接收元素的特征谱线，并将其强度信号转换为电信号，通过读数系统直接读出谱线强度或分析结果。仪器采用计算机控制，准确度高、速度快，而且分析结果的数据处理和分析过程可以实现自动化控制。图 4-32 所示为光电式直读光谱仪。

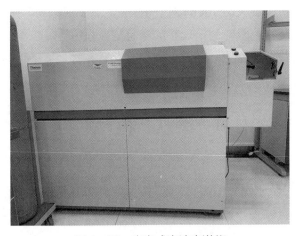

图 4-32　光电式直读光谱仪

1. 光电直读光谱仪的优点

（1）待检样品制备过程简便，相对于化学分析的钻取试样、分解、分析等众多步骤，充电直读光谱仪检测时只要去除样品表面氧化皮或其他影响因素，打磨出基体即可，检测时间大幅度缩短。

（2）自动化程度高、分析速度快，可同时对多种元素进行分析，从预燃样品到得到最终分析结果仅需 30～60s。

（3）校准曲线线性范围宽。由于光电倍增管对信号的放大能力很强，对于不同强度的谱线可使用不同的倍率（相差可达 1 万倍），因此光电光谱法可同时用同一分析条件对样品中含量相差悬殊的多种元素含量进行测定。

（4）测量范围广，几乎可覆盖所有金属元素，检测的基体有铁基、铝基、铜基、银基、镍基等，基本涵盖了电力设备使用的金属部件。

（5）检测限低。光电光谱分析的灵敏度与光源性质、仪器状态、试样组成及元素性质等均有关。一般对固体的金属、合金或粉末样品采用火花或电弧光源时，检出限可达 0.1～10g/kg；对液体样品用 ICP 光源时检出限可达 1ng/mL～1g/mL。用真空光电光谱仪时对 C、S、P 等非金属也有很好的检出限。

（6）检测精度高，重复性好。在有标准试块校准的情况下，样品的检测精度和化学分析基本一致，测量误差可降至 0.2%以下，因而具有较高的精确度，有利于进行样品中高含量元素的分析。

2. 光电直读光谱仪的缺点

（1）一般需要与基体成分基本相同的标准样品进行匹配，所以对标准样品的需求量很大，使得直读光谱仪的应用受到一定限制。

（2）仅能分析金属表面 1mm 以内的样品，适合成分均匀的样品。

（3）对实验环境要求较高，理想的实验室应该恒温、恒湿、防尘、防振。

（4）不是仲裁分析方法，当对检测结果有疑义时，需采用其他检测方法。

（5）操作比手持式光谱仪复杂，需要使用标准试样进行比对。

第七节　镀　层　检　测　技　术

一、常用的镀层技术

电网设备金属覆盖层保护，是将一种金属镀在被保护的另外一种金属制品表面上形成保护镀层的方法。前一种金属常称为镀层金属。金属镀层的形成，除电镀、化学镀外，还有热浸镀、热喷镀、渗镀、真空镀等方法。

1. 电镀

电镀是利用电解方法在某些金属表面上获得金属沉积层的过程。电镀时，镀层金属做阳极，被氧化成阳离子进入电镀液；待镀的金属制品做阴极，镀层金属的阳离子在金属表面被还原形成镀层。

电镀的优点是镀层金属纯度高，分布均匀，与基体金属结合牢固，且镀层具有较高的硬度和耐磨性能；在获得同样的保护效果时所需要的镀层金属较少；镀层厚度容易控制，一般在常温下进行（又称冷镀），结合力好，形成的镀层结构均匀。电镀质量除与镀液的种类、成分、温度等因素有关外，还与镀件的材料、形状和表面状态有关。

电网设备中高压导电设备导电触头的镀银就是一种典型的电镀方法。导电触头是断路器等高压开关的关键部件，触头的镀银层质量直接影响到设备的安全。银是一种银白色、具有反光作用的贵金属，其电导率在 25℃时为 63.3×10S/cm，是良好的导体。镀银层能增强导电触头的抗腐蚀性，增加硬度，防止磨耗，提高导电性、润滑性、耐热性和表面美观。镀银时将被镀金属作为阴极，通过直流电使银盐溶液的银离子在工件表面上沉积出来形成银镀层。

2. 化学镀

化学镀是指不使用外电源，采用化学方法使镀液中的金属离子还原成金属，并沉积到其他基体表面的镀覆方法。被镀件浸入相应镀液中，化学还原剂在溶液中提供电子使金属离子还原沉积在基体表面。与电镀相比，化学镀的优点是不需要外加电源、不存在电力线分布不均匀的问题，因而不受工件的几何形状影响，各部位镀层的厚度比较均匀；可以在金属、非金属、半导体材料上直接镀覆；一般来说，得到的镀层致密、孔隙少、硬度高，具有良好的耐蚀性、耐磨性和磁性能，因而具有极好的化学和物理性能。如化学镀镍层和电镀镍层相比，两者硬度和耐磨性相近，但化学镀不需要电源，无脆性和网状裂纹，化学稳定性高。化学镀的缺点是镀液寿命短，维护要求高，温度高，成本高。化学镀主要运用于各类模具（玻璃模、橡胶模、压铸模等）、汽车零部件和机械部件等。

目前在对隔离开关触头镀银层厚度进行监督检验时，发现有生产厂家采用现场刷镀的方法提高隔离开关触头镀银层厚度，以使得镀银层厚度达到标准要求。经研究，这种方法属于化学镀的一种，得到的镀银层较电镀耐腐蚀性差，孔隙率大，不推荐采用。

3. 渗镀

渗镀是在高温下将气态、固态或熔化状态的欲渗镀物质（金属或非金属元素）通过扩散作用从被渗镀的金属表面渗入其内部，以形成表层合金镀层的表面处理方法。渗镀物质和基体金属之间是通过原子相互扩散而形成的合金层（冶金结合），因此不会因热膨胀、出现剧烈机械变形等原因而脱落，渗层均匀且厚度可控，但由于该方法需要高温加热，工件易变形或引发各种缺陷。常用渗镀金属有 Al、Cr，渗镀非金属有 Si、B。钢铁经过渗 Al、Si、Cr，以及二元或三元共渗，抗高温氧化和抗高温气体腐蚀的能力大大提高。

4. 热浸镀

热浸镀是将一种基体金属制件浸入另一种低熔点的熔融状态金属中，在表面形成金属层的方法。工件浸入熔融态的镀层金属中，经短时间取出，便形成金属镀层，这种施工方法最古老、简单，但难以控制镀层厚度，操作时金属损耗较大。常用的热镀层种类有镀锌和镀铝两种。

锌的抗大气腐蚀的机理有机械保护及电化学保护，在大气腐蚀条件下锌表面有 ZnO、$Zn(OH)_2$ 及碱式碳酸锌保护膜，一定程度上能减缓锌的腐蚀，这层保护膜（也称白锈）受到破坏又会形成新的膜层。当锌层破坏严重、危及铁基体时，锌对基体产生电化学保护，锌的标准电位为 $-0.76V$，铁的标准电位为 $-0.44V$，锌与铁形成微电池时锌作为阳极被溶解，铁作为阴极受到保护。热镀锌抗腐蚀能力远远高于冷镀锌（又称电镀锌）。通常热镀锌层厚度一般在 $35\mu m$ 以上，甚至高达 200m。热镀锌覆盖能力好，镀层致密，无有机物夹杂。热镀锌在几年里都不会生锈，冷镀锌在半年里就会生锈，显然热镀锌对基体金属铁的抗大气腐蚀能力优于电镀锌。

热镀锌主要用于角钢、钢管、钢板、钢带和钢丝，应用广泛。在工业上常用的镀锌层有热浸镀锌、电镀锌、机械镀锌和热喷涂（镀）锌等，其中热镀锌占镀锌总量的比重较大。近年来随着高压输电、交通、通信事业迅速发展，对钢铁件的防护要求越来越高，热镀锌需求量也不断增加。电力设备中电力金具、钢管杆、钢管塔、钢管变电构架支架、紧固件绝大部分都采用热浸镀锌工艺，但在工地现场允许对镀层厚度不够或漏镀采用热喷涂（镀）锌法或涂覆锌涂层的方法加以修补。

5. 热喷涂

热喷涂是使用专用的加热设备将固体材料熔化并加速喷射到基体表面形成防护层的法。一般有气喷涂（火焰喷涂、爆炸喷涂）、电喷涂（电弧喷涂、等离子射流喷涂、高频感应喷涂）。在工地现场，当发现杆塔、架构锌层厚度不够时根据相关标准允许对镀层厚度不够或漏镀采用热喷涂（镀）锌法或涂覆锌涂层的方法加以修补。

该方法的优点是：生产效率高，修复速度快，镀层厚度易于控制，喷涂工艺和设备比较简单，移动方便，不受场所和工件形状和尺寸限制，可按需要得到良好的喷涂层。缺点是：涂层强度较低，不能形成合金或焊柱；质点的重叠堆砌不均匀，使喷涂层存在很大的孔隙率，但用有机涂层封孔后具有极大的耐蚀性。

6. 包镀

包镀是将耐蚀薄层材料加温加压于基体表面使其紧密结合一体的防腐工艺。包镀是消除层孔隙的最好方法，但结合力不如渗镀。常见的包镀有铝包层、铜包层和不锈钢包层等。电网在接地网中使用铜包铝导电棒代替热镀锌扁铁或铜材，其耐蚀性好，节约材料成本。

二、对镀层质量的要求

（1）GB 13912《金属覆盖层钢铁制件热镀锌》对锌层的外观、厚度、附着强度等有要求。

（2）DL/T 768.7《电力金具制造质量钢铁件热镀锌层》对锌层的外观、附着强度、锌层的均匀性、锌层的重量及厚度均有要求。

（3）DL/T 486《高压交流隔离开关和接地开关》5.107.5 对导电回路的要求：导电触头的镀银层厚度应≥20μm、硬度≥120HV。

（4）GB 5267.3《紧固件热浸镀锌层》对锌层外观、厚度、附着强度都有不同的要求。

（5）GB 13911《金属镀覆和化学处理标识方法》规定了金属镀覆和化学处理标识方法。

（6）DL/T 646《输变电钢管结构制造技术条件》规定了输变电钢管的热浸镀锌和热喷涂锌的具体方法和要求。

（7）GB/T 82871《标称电压高压 1000V 系统用户内和户外支柱绝缘子》规定了支绝缘子法兰部位镀锌层的具体要求。

三、影响镀层质量的参数

1. 厚度

厚度是表征镀层覆盖厚薄的物理量。镀层的厚度直接影响到镀层性能，通常情况下，镀层厚度增加，工件的耐蚀性能增强，但镀层越厚，成本越高，同时影响被镀钢板的焊接和冲击性能。在镀层厚度检测过程中，常常会发现镀层厚度不达标，因此国家标准和行业标准一般只对镀层的厚度下限做要求，对厚度上限不做要求。

2. 硬度

镀层的硬度是指镀层抗机械作用（如冲击、刻痕、划伤）的能力。因镀层的厚度比较小，一般都在几十微米，为避免镀层遭到破坏，测量镀层硬度时不宜对镀层施加过大的载荷，而是通过显微硬度试验测量镀层硬度。显微硬度试验测量的原理是利用仪器所的金刚石压头施加一定负荷，在被测试样表面压出压痕，用读数显微镜测出压痕的大小，经过计算求生镀层硬度。

3. 镀层结合力

镀层结合力是指镀层与基体金属或中间镀层的结合强度，即单位表面积的镀层从基体金属或中间镀层上剥离所需要的力。镀层结合力是电镀性能所有指标中最重要的指标。

4. 厚度的均一性

镀层厚度的均一性主要是针对阴极金属沉积厚度而言，而镀液的分散能力是相对镀液而言。镀液分散能力好，镀层厚度均一性就好；相反，镀层厚度均一性好，不一定表示镀液分散能力好。影响镀层厚度均一性的因素有很多，而各因素又是相互关联、相互影响的。

四、镀层质量检验

1. 厚度

镀层厚度的测量方法主要有楔切法、光截法、电解法、厚度差测量法、称重法、X射线荧光法、β射线反向散射法、电容法、磁性测量法、涡流测量法及高倍显微镜法等。这些方法中前五种是有损检测，测量手段烦琐，速度慢，多适用于抽样检验。

X射线和β射线法是无接触的无损测量，但装置复杂昂贵，测量范围较小。因有放射源，使用者必须遵守射线防护规范。X射线法可测极薄镀层、双镀层、合金镀层。β射线法适合镀层和底材原子序号大于3的镀层测量。磁性法和涡流法测厚仪对覆层和基材均无破坏性，测量分辨率可达到 0.1μm，精度可达到1%，适用范围广、量程宽、速度快且操作简便，是工业和科研使用最广泛的测厚仪器。

2. 硬度

显微维氏硬度是国家标准规定的测量金属维氏硬度三种试验方法中的一种，其试验力小（0.10N＜F＜1.96N），硬度符号为 HV0.01～HV0.2，常常简称为维氏硬度或显微硬度。具体介绍见维氏硬度试验部分。

3. 附着强度

根据 GB 5270—2005，附着强度的试验方法有 14 种，分别为摩擦抛光试验、钢球摩擦抛光试验、喷丸试验、剥离试验、锉刀试验、磨锯试验、凿子试验、划线和划格试验、弯曲试验、缠绕试验、拉力试验、热震试验、深引试验、阴极试验。

4. 镀层均匀性

镀层的均匀性一般用硫酸铜试验确定。硫酸铜试验原理是利用锌的电极电位负于铜而进行置换反应，反应过程中所析出的铜在镀锌层上的沉积物是没有黏附性的海绵状铜，而在铁的表面上却沉积了一层较牢固的红色铜覆盖层。由此可知，镀铜色部位的锌层已不存在，试样局部出现牢固的红色镀铜色越早，表明该处厚度的不均匀性及耐腐蚀性越差。依据 DL/T 768.7—2002《电力金具制造质量钢铁件热镀锌层》，试件应经受 4 次、每次 1min 的浸入标准硫酸铜溶液的试验，试件上应无金属铜附着物。硫酸铜溶液的配置方法是在每 100mL 的蒸馏水中加入 35g 化学纯的硫酸铜（$CuSO_4 \cdot 5H_2O$）制成硫酸铜溶液。必要时可加热以促进晶体的溶解，待其冷却后使用。在每 100mL 的硫酸铜溶液中加入 1g 碳酸铜充分搅拌，将配置好的溶液静置 24h，溶液相对密度在 ±20℃时应为 1.170±0.010。整个试验过程中，硫酸铜溶液的温度保持在 20℃±4℃。在螺纹表面，零件的棱角上或距试样端部 25mm 以内的表面，允许局部存在微小的金属铜附着。

第八节　硬 度 检 验 技 术

硬度是表征金属在表面局部体积内抵抗变形或破裂的能力，它不是一个单纯的物理量，而是反映材料的弹性、塑性、强度和韧性等的综合性能指标。金属材料的硬度与强度密切相关，一般情况下，硬度较高的金属材料其强度也较高，所以可以通过测试硬度来粗略估算材料的强度。硬度试验设备简单，操作方便，对部件损害小，又能敏感地反映出材料化学成分、组织结构的差异，广泛应用在产品质量检查和研究中。

一、布氏硬度试验

1. 试验原理

布氏硬度试验适用于一些硬度较低的材料，例如经退火、正火、调质处理的钢材，以及铸铁、非铁金属等。布氏硬度试验的原理是用一定直径的淬火钢球（或硬质合金球）为压头，施以一定的试验力 F，将其压入试样表面，保持规定时间后卸除试验力，测量试样表面残留压痕平均直径 d（布氏硬度检测示意图见图4-33），求得压痕（见图4-34）球形面积 A。布氏硬度就是试验力除以压痕球形表面积所得的商，其计算公式为

$$布氏硬度 = 0.102\frac{F}{S} = 0.102\frac{2F}{\pi D(D - \sqrt{D^2 - d^2})} \qquad (4-2)$$

式中　F——试验力，N；

　　　D——球直径，mm；

　　　d——在两个互相垂直方向上测量的压痕直径的平均值，mm。

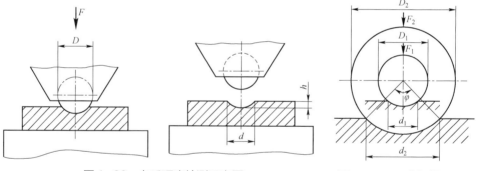

图4-33　布氏硬度检测示意图　　　　图4-34　压痕相似原理图

2. 表示方法

按照压头种类，布氏硬度值有两种不同表示符号：淬火钢球做压头测得的硬度值用 HBS 表示，硬质合金做压头测得的硬度值用 HBW 表示。符号 HB 前面为硬度值，符号后面的数字分别表示球直径、试验力数值与规定保持时间（10～15s）。

二、洛氏硬度试验

1. 试验原理

洛氏硬度试验是以测量压痕深度的大小表示硬度值。试验时用一个顶角为

$\alpha=120°$ 的金刚石圆锥体或直径为 1.59mm 或 3.18mm 的硬质合金球，在一定载荷下压入被测材料表面，保持规定时间后卸载，测量压痕深度求出材料的硬度。为了照顾习惯上数值越大硬度越高的概念，一般用常数 k 减去压痕深度 h 来计算硬度值，并规定每 0.002mm 为一个洛氏硬度单位。其计算公式为

$$洛氏硬度 = \frac{k-h}{0.002} \tag{4-3}$$

当使用金刚石圆锥压头时，k 取 0.2mm；当使用小淬火钢球压头时，k 取 0.26mm。

2. 不同标尺测定的洛氏硬度

按照压头种类和总试验加力大小，可将洛氏硬度标度分为三种，分别用 HRA、HRB、HRC 表示。其中 HRB 使用的是钢球压头，用于测量非铁金属、退火或正火钢等，HRA 和 HRC 使用 120°金刚石圆锥体压头，用于测量淬火钢、硬质合金、渗碳层等。

（1）HRA。采用 60kg 载荷和钻石锥形压入器求得的硬度，用于硬度极高的材料（如硬质合金等），HRA 标尺的使用范围是 20～88HRA。

（2）HRB。采用 100kg 载荷和直径 1.59mm 淬硬的钢球求得的硬度，用于硬度较低的材料（如退火钢、铸铁等），HRB 标尺的使用范围是 20～100HRB。

（3）HRC。采用 150kg 载荷和钻石锥形压入器求得的硬度，用于硬度很高的材料（如淬火钢等），HRC 标尺的使用范围是 20～70HRC。

三、维氏硬度试验

1. 试验原理

维氏硬度与布氏硬度原理相同，也是根据压痕单位面积所承受的试验力来计算硬度值，压头是相对两面夹角为 136°金刚石正四棱锥形压头。在选定试验力 F 作用下压入试样表面，经规定的保持时间后卸除试验力，在试样表面上压出一个正方形压痕，测量压痕对角线平均值计算压痕的表面积。维氏硬度值是试验力除以压痕表面积所得的商。实验原理如图 4-35 所示，维氏硬度计如图 4-36 所示。

正四棱锥形压痕表面积 S 为

$$S = \frac{d^2}{2\sin\frac{\alpha}{2}} = \frac{d^2}{2\sin\frac{136°}{2}} \tag{4-4}$$

式中 α——压头顶端的两相对面夹角。

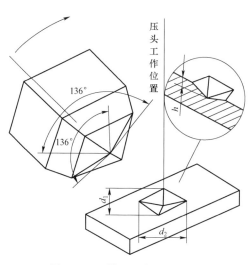

图4-35　维氏硬度试验原理　　　　图4-36　维氏硬度计

维氏硬度值的计算公式为

$$维氏硬度值=0.102\frac{F}{S}=0.102\times\frac{2F\sin\dfrac{136^{\circ}}{2}}{d^2}=0.189\,1\frac{F}{d^2} \tag{4-5}$$

式中　F——试验力，N；

　　　d——测量的两条对角线长度的平均长度，mm。

2. 表示方法

维氏硬度值的表示方法：HV 前面为硬度值，HV 后面依次为试验力和试验力保持时间（10~15s，不标注）。

例如：640HV30 表示在 30kgf（294.2N）试验力下保持 10~15s 测定的维氏硬度值为 640；640HV30/20 表示在 30kgf（294.2N）试验力下保持 20s 测定的维氏硬度值为 640。

四、里氏硬度试验

里氏硬度计是一种通过回跳法来测定金属硬度的便携式硬度测试设备。它具有重量轻、携带方便、对测试表面损伤小等特点，在许多行业都得到越来越广泛的应用。我国现行的里氏硬度试验方法标准为 GB/T 17394.1—2014《金属材料　里氏硬度试验　第 1 部分　试验方法》。图 4-37 所示为 HT-2000 型里氏硬度计。

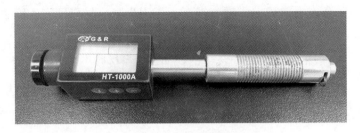

图 4-37 里氏硬度计

1. 试验原理

里氏硬度的测量原理为：当材料被一个小冲击体撞击时，较硬的材料因冲击产生的反弹速度大于较软者。里氏硬度采用一个冲击测头，在一定的试验力作用下冲击试样表面，利用电磁感应原理中速度与电压成正比的关系，用冲头在距离试样表面 1mm 处的回弹速度与冲击速度的比值计算硬度。

用规定质量的冲击体在弹力作用下以一定速度冲击试样表面，其计算公式为

$$HL = 1000 \frac{VR}{VK} \tag{4-6}$$

式中 HL ——里氏硬度；

VR ——冲击体回弹速度；

VK ——冲击体冲击速度。

2. 表示方法

里氏硬度值可以换算成布氏、洛氏、维氏硬度值。里氏硬度值的表示方法为在里氏硬度符号 HL 之前写出硬度值，在 HL 后面标出冲击装置类型。例如：700HLD 表示用 D 型冲击装置测定的里氏硬度值为 700。

五、硬度检测的应用

材料硬度值与其强度存在着一定的比例关系，对钢铁材料来说，其抗拉强度近似等于三分之一的布氏硬度值，材料化学成分中大多数合金元素都会使材料的硬度升高，其中碳对材料硬度的影响最直接，材料中的碳含量越大，其硬度越高，因此硬度试验有时来判断材料强度等。材料中不同的金相组织具有不同的硬度，一般来说，马氏体硬度高于珠光体，珠光体的硬度高于铁素体，故通过硬度值可大致了解材料金相组织，以及材料在加工过程中组织变化和热

处理效果。加工残余应力与焊接残应力对材料的硬度也会产生影响，加工残余应力与焊接残余应力值越大，硬度越高。正因为影响材料硬度的因素较多，工程上硬度检测的应用也较多，检验中硬度检测的应用概括如下：

（1）对于一般的碳素钢、低合金钢制部件，当材质不清或有疑问时，可通过测定硬度并根据硬度与强度的关系，近似求出材料的强度值。常用的一个换算公式为 $R_{eL}=3.28HV-221$（适用于母材），另一公式为 $R_m=3.55HB$（适用于 HB ≤175 的材料）。

（2）焊接性试验中检测焊接接头断面的母材、焊缝和热影响区的硬度，据此判断材料的焊接性和工艺的适用性的方法称为最高硬度试验法。

（3）现场经常通过检测母材、焊缝和热影响区的硬度，判断焊接工艺执行情况和焊接接头质量。

（4）通过对焊缝金属、热影响区及母材进行硬度测定，检查热处理效果，判断焊缝接头的消除应力情况。

（5）低合金钢制部件焊接返修时，对返修部位进行硬度测定，检查返修补焊工艺的可行性及焊接质量。

（6）金属部件使用过程中由于压力、温度、介质等工况条件的影响，会出现脱碳现象。在用检验中当怀疑有脱碳时，应对可疑部位进行硬度测定。

（7）金属部件在高温下长期使用后，有可能引起渗碳、渗氮、硫化及石墨化等现象，改变材料的硬度。检验时应选择适当部位进行硬度测定。

（8）在应力腐蚀环境中使用的金属部件，在制造或服役阶段检验中应进行硬度检测，以判断应力腐蚀倾向。

第九节　力学性能检验

力学是研究物体机械运动一般规律的学科。使物体运动状态发生改变（包括平衡状态）是力的外效应，使物体发生变形是力的内效应。

任何固体在外力作用下均会发生变形，若卸除外力后能完全消失的变形，称为弹性变形；不能消失而残留下来的变形，称为塑性变形。

机械设备能否安全运行，在很大程度上取决于金属材料的力学性能。金属材料在各种外加载荷（拉伸、压缩、弯曲、扭转、冲击、交变应力）作用下所表现的抵抗变形和破坏的能力以及接受变形的能力称为金属材料的力学性能，主要指标有强度、硬度、塑性、韧性等，这些性能指标可以通过力学性能试验测定。常见的力学性能试验方法有拉伸试验、冲击试验、弯曲试验、硬度试验等。

一、拉伸试验

拉伸试验主要是用来测量材料的屈服强度、抗拉强度、伸长率、断面收缩率等，它具有简单、可靠、试样容易制备等优点，是力学性能试验中最普遍、最常用的方法。

依照材料试验的国家标准将材料制成拉伸试样，在拉伸试验机上施加一个缓慢增加的拉力，试样随拉力的增加而变形，直至断裂。在试验过程中可以看到材料在外力作用下产生弹性变形、塑性变形和断裂等各个阶段的全过程，得到的强度和塑性数据是在工程设计、材料验收和材料研究中最为重要的力学性能指标。

将制成的标准试样在拉伸试验机上加力，试样所受外力与伸长的关系可用应力–伸长关系曲线表示出来，伸长率又称延伸率，用相对伸长表示。材料不同，其应力–伸长关系曲线的形状不同。塑性材料（如低碳钢）在被拉断前有明显的屈服和颈缩，而弹性材料（如弹簧钢）和脆性材料（如工具钢和铸铁）却没有这种明显的变化。

金属的塑性是指材料产生塑性变形而不破坏的能力。拉伸试验的试样被拉断后，其标距部分所增加的长度与原标距的比值的百分率称为断后伸长率或延伸率。

1. 应力曲线

拉伸试验时所加外力 F 与试样的绝对伸长量 ΔL 之间的关系曲线称为拉伸曲线，图形称为拉伸曲线图（F–ΔL 曲线）。低碳钢的拉伸曲线图如图 4–38 所示。拉伸图的纵坐标表示负荷 F，单位 N；横坐标表示绝对伸长 ΔL，单位 mm。

不同的材料会有不同的拉伸曲线，同一种材料如果制成不同尺寸的试样，所得到的拉伸曲线也不相同。因为外力 F 和伸长量 ΔL 不仅与材料有关，而且与试样的截面尺寸和试样的长短也有很大关系。所以，从拉伸曲线图上看不出材料的优劣。只有将其变为单位面积上的内力（应力）和规定长度的伸长量（应变）后，才能衡量材料的差异，可用图 4–39 所示的应力（σ）–应变（ε）曲线表示。

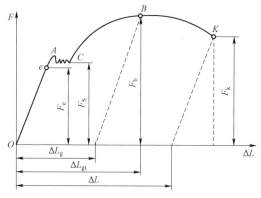

图 4-38　低碳钢的拉伸曲线图

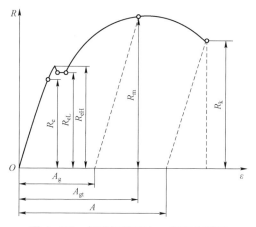

图 4-39　低碳钢的应力—应变曲线图

2. 曲线分析

依据应力—应变曲线图，可以将试样受拉过程分为弹性变形、塑性变形及断裂三个阶段。

（1）弹性变形阶段。在这个阶段中试样的变形是弹性的，如果试样所受的外力卸除，则试样的伸长 ΣL 消失，试样会迅速地恢复到原来的长度，不产生残余伸长。

1）比例极限。在图 4-38 的 Oe 段，应力与应变呈正比例关系，所以此段也称为线弹性比例变形阶段。保持应力与应变成正比例关系的最大应力就称为比例极限 σ_p。

2）弹性极限。在图 4-38 里，当超过 e 点后，虽然仍然是弹性变形，但应力与应变成比例的关系被破坏，超过 A 点后，材料就产生了塑性变形。所以 A 点的应力就是材料由弹性变形过渡到弹—塑性变形的应力，称为弹性极限。

（2）塑性变形阶段。在这个阶段中，试样不但发生弹性变形，同时产生塑性变形。当外力卸除后，其变形不能全部恢复，留下永久性变形，这种变形叫做塑性变形。塑性变形阶段包含屈服、均匀变形和局部变形。

1）屈服强度 R_{eL}/R_{eH}。在拉伸曲线上，当超过 A 点时外力不增加或者下降，而试样仍继续伸长，这种现象称为屈服现象，它所对应的应力叫做屈服强度。

上屈服强度（R_{eh}）指试样发生屈服而外力首次下降前的最大应力，下屈服强度（R_{el}）指在屈服期间，不计初始瞬时效应的最小应力。

2）规定塑性延伸强度（$R_{p0.2}$）。塑性延伸率即规定的引伸计标距百分率时对应的应力。部分材料在实际试验时并不呈现出明显的屈服状态，而呈现出连续的屈服状态，此种情况下材料不具有可测的上屈服强度和下屈服强度性能，此时测量规定塑性延伸率为 0.2%时的应力，即 $R_{p0.2}$，并注明无明显屈服。

3）抗拉强度 R_m。抗拉强度是材料的重要力学性能，同样也是设计和选材的主要依据。

屈服现象过后，若继续使试样变形，需不断增加载荷。随着变形的增大，施加的载荷也不断增加。对塑性材料来说，拉伸曲线图上 B 点以前的试样变形为均匀变形，即试样各部的伸长基本是一样的。过了 B 点后，变形将集中于试样的某一部位。因此，抗拉强度是材料对最大均匀变形的抗力，表征材料在拉伸条件下所能承受的最大载荷应力值，即

$$R_m = F_m/S \tag{4-7}$$

式中　F_m——试样承受最大均匀变形的外力，N。

4）断裂。试样拉伸试验的最终结果是断裂。断裂从宏观上看是瞬间现象，实际上，在拉伸曲线图上过 B 点后，试样的变形即转向局部变形，进入颈缩后即孕育着断裂。

断后伸长率 A 是断裂后试样标距长度与原始标距长度的相对伸长量除以试样的原始标距长度，用百分数表示。即

$$A = \frac{L_u - L_0}{L_0} \times 100\% \tag{4-8}$$

式中　L_0——试样原始标距长度，mm；

　　　L_u——断裂后试样的标距长度，mm。

3. 拉伸试验机

拉伸试验机也叫材料拉伸试验机或万能材料试验机，是集计算机控制、自动测量、数据采集、屏幕显示、试验结果处理为一体力学检测设备，适用于金

属材料及构件的拉伸、压缩、弯曲等试验，也可用于塑料、混凝土、水泥等非金属材料同类试验的检测。图4-40和图4-41所示分别为200kN立式拉力机和1000kN卧式拉力机。

图4-40　200kN立式拉力机

图4-41　1000kN卧式拉力机

二、冲击试验

图4-42　冲击试验机

冲击试验的主要目的是测定材料的冲击韧性，避免其发生突然脆性断裂。冲击韧性是指材料在冲击载荷作用下吸收塑性变形功和断裂功的能力。材料的韧性除了取决于材料本身的内在因素外，还跟加载速度、应力状态及温度等有很大关系。为了提高试验的敏感性，通常采用带缺口的试样进行试验。缺口可以使试样处于半脆性状态。图4-42为冲击试验机。

1. 冲击试验方法

冲击试验依据GB/T 229《金属材料　夏比摆锤冲击试验方法》，采用夏比冲击试验方法，试验冲击原理如图4-43所示。夏比冲击试验是将规定形状、尺寸和缺口形状的试样（冲击试样见图4-44），放在冲击试验机的试样支座上，然后用规定高度和重量的摆锤自由下落，产生冲击载荷将试样折断。夏比冲击试验实质上就是通过能量的转换过程，测定摆锤失去的能量即为冲断试样所做的功，称为冲击吸收能量 K。

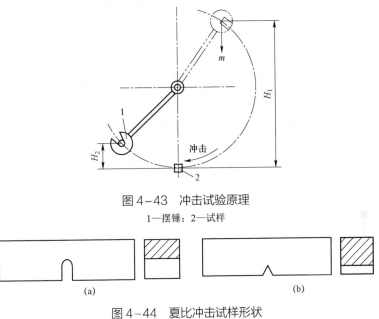

图 4-43 冲击试验原理
1—摆锤；2—试样

图 4-44 夏比冲击试样形状
（a）U 形缺口；（b）V 形缺口

冲击吸收能量 K 值越高，表示材料的冲击韧性越好。一般把冲击吸收能力 K 值高的材料称做韧性材料，K 值低的材料称做脆性材料。用字母 V 和 U 表示标准冲击试样缺口几何形状，用下标数字 2 或 8 表示摆锤刀刃半径，冲击性能符号见表 4-1。

表 4-1　　　　　　　　　　　冲 击 性 能 符 号

符号	名称
KU_2	U 形缺口试样在 2mm 摆锤刀刃下冲击的吸收能量
KU_8	U 形缺口试样在 8mm 摆锤刀刃下冲击的吸收能量
KV_2	V 形缺口试样在 2mm 摆锤刀刃下冲击的吸收能量
KV_8	V 形缺口试样在 8mm 摆锤刀刃下冲击的吸收能量

2. 冲击试验的应用

冲击试验对材料的变脆倾向和材料冶金质量、内部缺陷情况极为敏感，是检查材料脆性倾向和冶金质量非常简便的方法。其主要用途有：控制材料的冶金质量和热加工后的产品质量，揭示材料中夹渣、偏折夹杂等冶金缺陷和检查过烧、过热、回火脆等热加工缺陷；根据系列冲击得到冲击吸收能量与温度的关系曲线，评定材料的低温变脆倾向，供选材时参考。

三、弯曲试验

弯曲试验是测定材料承受弯曲载荷时的力学特性的试验，是材料机械性能试验的基本方法之一，将圆形、矩形或多边形横截面试样在弯曲装置上经受弯曲塑性变形，不改变加力方向，直至达到规定的弯曲角度。

1. 弯曲试验方法

弯曲试验主要是依据 GB/T 232《金属材料　弯曲试验》规定执行。

（1）试验装置。试验装置一般采用支棍式弯曲装置。支棍长度应大于试验的宽度或直径，支棍半径应为 1～10 倍试样厚度（或直径），支棍间距 l 应按下式确定，在试验期间支棍间距 l 应保持不变

$$l=(d+3a)\pm0.5a \tag{4-9}$$

式中　d——压头直径，mm；

a——试验厚度（或直径），mm。

（2）试样要求。使用圆形、矩形或多边形横截面的试样，试样的切取位置和方向应符合相关标准的要求，如果产品标准中没有具体规定，对于钢产品则应符合 GB/T 2975《钢及钢产品力学性能试验取样位置及试验制备的要求》的要求，且要用机械冷加工或火焰切割的方式去除对材料性能有影响的部分。试样表面不得有划痕和损伤，方形、矩形和多边形横截面试样的棱边应倒圆，倒圆半径不超过试样厚度的十分之一。棱边倒圆时不应形成影响试验结果的横向伤痕或划痕。

1）试样宽度。应按照相关产品标准的要求加工，如果标准没有具体规定，当产品宽度不大于20mm时，试样宽度应为原产品的宽度；当产品宽度大于20mm时，厚度小于3mm，试样宽度为20mm±5mm，厚度不小于3mm时，试样宽度在 20～50mm。

2）试样厚度。对于板材、带材和型材，产品厚度不大于25mm时，试样厚度应为原产品的厚度；大于25mm时，试验厚度可以机加工减薄至不小于25mm，并应保留一侧原表面。弯曲试验时，试样原表面应置于受拉变形的一侧。

3）试样长度。试样长度 L 应根据试验的厚度和所使用的试验设备确定

$$L=0.5\pi(d+a)+140 \tag{4-10}$$

（3）试验程序。试验一般在 10~35℃的温度范围内进行。试验时，将试样放于两支辊上，试样轴线应与弯曲压头轴线垂直，由压头在两支辊之间的中点对试样连续施加力使其弯曲，直至达到规定的弯曲角度。

2. 弯曲试验的应用

弯曲试验主要用于测定脆性和低塑性材料（如铸铁、高碳钢、工具钢等）的抗弯强度并反映塑性指标的挠度，还可用来检查材料的表面质量。对于脆性材料弯曲试验一般只产生少量的塑性变形即可破坏，而对于塑性材料则不能测出弯曲断裂强度，但可检验其延展性和均匀性。塑性材料的弯曲试验称为冷弯试验，试验时将试样加载，使其弯曲到一定程度，观察试样表面有无裂缝。

第五章

金属监督检测技术

第一节　金属专项技术监督概述

金属材料作为电网设备及部件最重要的构成单元，承担着导电、支撑、连接等功能，应用广泛，数量庞大。

2016 年，国网设备部针对一次设备材质问题频发、金属专业管理弱化、制度标准缺失等问题，会同基建部、物资部组织开展了金属材料五类专项技术监督（挑选最简单易行、设备问题相对比较多的五类，分别是隔离开关镀银层测厚、GIS 壳体对接焊缝、构支架镀锌层厚度、变电站不锈钢材质、输电线路紧固件螺栓楔负载和螺母保证载荷试验）。当年问题检出率非常高，其中隔离开关镀银层问题检出率达 21.3%，检出问题中又有一半是触头镀银层为非银材质。该次监督取得了较好的实际效果，并在过程中逐步培养了专业力量。在此基础上逐年增加检测项目，直至 2020 年拓展至涵盖输电、变电、配电范围，共 21 项监督内容。

第二节　金属专项监督工作内容

1. 变电（换流）类

（1）隔离开关触头镀银层厚度检测。

（2）开关柜触头镀银层厚度检测。

（3）户外密闭箱体厚度检测。

（4）变电站不锈钢部件材质分析。

（5）GIS 壳体对接焊缝超声波检测。

（6）变电站开关柜铜排检测。

1）铜排导电率检测。

2）铜排连接导电接触部位镀银层厚度检测。

（7）变电站接地体涂覆层厚度检测。

（8）变电站铜部件材质分析。

（9）互感器及组合电器充气阀门材质分析。

（10）隔离开关外露传动机构件镀锌层厚度检测。

（11）变电导流部件紧固件镀锌层厚度检测。

（12）开关柜柜体覆铝锌板厚度检测。

（13）调相机润滑油系统和冷却系统管道焊缝射线检测。

2．输电类

（1）输电线路紧固件螺栓楔负载和螺母保证载荷试验。

（2）输电线路电力金具闭口销材质分析。

（3）"三跨"线路耐张线夹压接质量 X 射线检测。

（4）输电线路地脚螺栓、螺母检测。

1）规格尺寸及标识检测。

2）机械性能试验。

3．配电类

（1）跌落式熔断器检测。

1）导电片导电率检测。

2）导电片触头镀银层厚度检测。

3）铁件热镀锌厚度检测。

4）铜铸件材质分析。

（2）户外柱上断路器检测。

1）接线端子镀锡层厚度检测。

2）接线端子导电率检测。

3）外壳厚度检测。

（3）JP 柜柜体厚度检测。

（4）环网柜柜体厚度检测。

第三节 金属检测仪器

1. 现场检测仪器

现场检测仪器如图5−1所示。

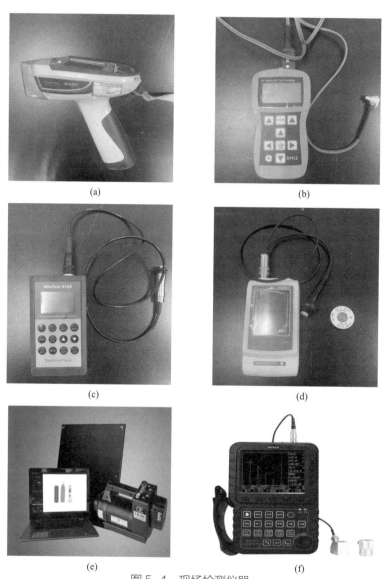

图5−1 现场检测仪器

(a) X射线荧光光谱分析仪; (b) 超声波测厚仪; (c) 镀层测厚仪; (d) 电导率测试仪;
(e) X射线探伤机; (f) 超声波探伤仪

2. 实验室仪器

实验室仪器如图 5-2 所示。

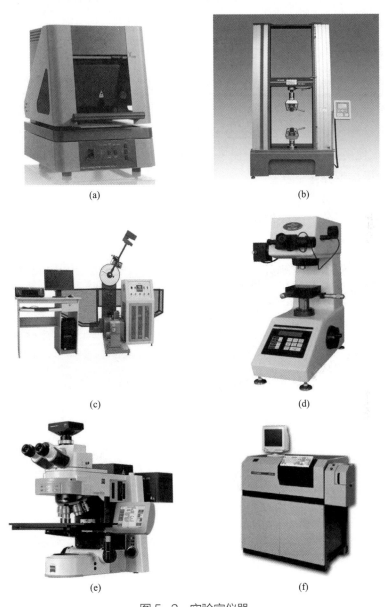

图 5-2 实验室仪器

（a）X 荧光镀层测厚仪；（b）万能材料试验机；（c）冲击试验机；（d）硬度计；
（e）金相显微镜；（f）台式直读光谱仪

第四节　变电设备金属技术监督实例

※ 案例一

根据国家电网金属专项技术监督要求，对某 220kV 变电站新建工程的主变压器抱箍线夹材质进行检测，由于抱箍线夹有镀层，经打磨后使用 X 射线荧光光谱分析仪进行检测，检测依据为 DL/T 991—2006《电力设备金属光谱分析技术导则》，使用尼通 XL3t980 型便携式 X 射线荧光光谱分析仪进行检测。

主要操作步骤如下：

（1）开启仪器，完成设备校准，进入合金模式。

（2）使用角磨机将表面镀层轻轻打磨一层，露出下层基材。

（3）用干布将检测面擦净。

（4）将便携式 X 射线荧光光谱分析仪激发窗口垂直贴合被检表面，扣动扳机开始测量，如图 5-3 所示。激发停止后，记录检测结果。检测结果见表 5-1。

图 5-3　X 射线荧光光谱分析仪现场检测

表 5-1　　　　　　　　　　　光 谱 分 析 记 录

分部件名称及编号	要求材质	数量	半定量分析（%）			结果评定
			Cu	Zn	Pd	
主变压器抱箍	铜含量大于 80%	7	58.44	40.43	1.05	不符合要求

发现材质为黄铜，不符合 GB/T 2314—2008《电力金具通用技术条件》5.5 条规定"以铜合金制造的金具，其铜含量应不低于 80%"，因此检测结果

不合格。

整改要求：对不合格的抱箍进行整批更换，对更换后的抱箍进行复测，合格后方可使用。

※ **案例二**

根据国家电网金属专项技术监督要求，对某 220kV 变电站新建工程的 35kV 开关柜梅花触头镀银层厚度进行检测，检测依据为 GB/T 16921—2005《金属覆盖层　覆盖层厚度测量　X 射线光谱方法》，使用尼通 XL3t980 型便携式 X 射线荧光光谱分析仪进行检测。

主要操作步骤如下：

（1）开启仪器，完成设备校准，进入镀层测厚模式，基材为铜，镀层为银。

（2）用干布将检测面擦净。

（3）将便携式 X 射线荧光光谱分析仪激发窗口垂直贴合被检表面，扣动扳机开始测量，如图 5-4 所示。激发停止后，记录检测结果，选择每相不同位置测试 6 次。检测结果见表 5-2。

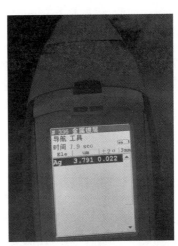

图5-4　X射线荧光光谱分析仪现场检测

表 5-2　　　　　　　　　镀 层 测 厚 记 录

部件	A 相						B 相						C 相					
材质	Ag						Ag						Ag					
厚度（μm）	4.5	4.5	4.1	4.7	5.0	4.4	5.0	4.2	4.5	4.1	4.6	3.9	4.1	3.9	4.2	4.7	4.8	4.9

根据现场检测，镀银层厚度为 3.7～5.0μm，不符合 Q/GDW 13088.1—2018《12～40.5kV 高压开关柜采购标准 第 1 部分：通用技术规范》5.2.7 条规定，"隔离开关触头、手车触头表面应镀银，镀银层厚度不小于 8μm"及 Q/GDW 11717—2017《电网设备金属技术监督导则》12.2.2 条规定，"梅花触头材质应为不低于 T2 的纯铜，且接触部位应镀银，镀银层厚度不应小于 8μm"，因此检测结果不合格。

整改要求：抽检不合格的开关柜触头应视为该厂家该型号的开关柜触头全部不合格，予以更换并复测，合格后方可使用。

※ 案例三

根据国家电网金属专项技术监督要求，对某 220kV 变电站改造工程的 23 台检修电源箱抽取 1 台进行材质检测，检测依据为 DL/T 991—2006《电力设备金属光谱分析技术导则》。使用尼通 XL3t980 型便携式 X 射线荧光光谱分析仪进行测试。

主要操作步骤如下：

（1）开启仪器，完成设备校准，进入合金模式。

（2）用干布将检测面擦净。

（3）将便携式 X 射线荧光光谱分析仪激发窗口垂直贴合被检表面，扣动扳机开始测量，如图 5-5 所示。激发停止后，记录检测结果。检测结果见表 5-3。

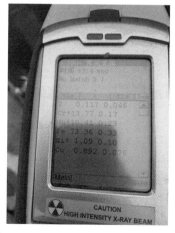

图 5-5 X 射线荧光光谱分析仪现场检测

表 5-3　　　　　　　　　　　　光 谱 分 析 记 录

分部件名称及编号	要求材质	数量	半定量分析（%）			结果评定
			Cr	Ni	Mn	
检修电源箱	06Cr19Ni10 的奥氏体不锈钢或耐蚀铝合金，不能使用 2 系或 7 系铝合金	1	13.77	1.09	10.41	不符合要求

　　根据现场检测，该箱体材质铬含量 13.77%、镍含量 1.09%、锰含量 10.41%，不满足 Q/GDW 11717—2017《电网设备金属技术监督导则》16.3.1 条规定"户外密闭箱体的材质应为 06Cr19Ni10 的奥氏体不锈钢或耐蚀铝合金，不能使用 2 系或 7 系铝合金"的要求，因此检测结果不合格。

　　整改要求：对不合格的箱体进行整批更换，对更换后的设备进行复测，合格后方可使用。

※ 案例四

　　根据国家电网金属专项技术监督要求，对某 220kV 变电站新建工程的 6 组电容器成套装置隔离开关轴销进行材质检测，检测依据 DL/T 991—2006《电力设备金属光谱分析技术导则》。使用尼通 XL3t980 型便携式 X 射线荧光光谱分析仪进行测试。

　　主要操作步骤如下：

　　（1）开启仪器，完成设备校准，进入合金模式。

　　（2）用干布将检测面擦净。

　　（3）将便携式 X 射线荧光光谱分析仪激发窗口垂直贴合被检表面，扣动扳机开始测量，如图 5-6 所示。激发停止后，记录检测结果。检测结果见表 5-4。

图 5-6　X 射线荧光光谱分析仪现场检测

表 5-4 　　　　　　　　　　光 谱 分 析 记 录

分部件名称及编号	要求材质	数量	半定量分析（%）			结果评定
			Cr	Ni	Mn	
隔离开关轴销	06Cr19Ni10 的奥氏体不锈钢	1	12.17	1.23	6.42	不符合要求

检测发现传动机构轴销为镀锌钢，打磨表面镀锌层后进行材质分析，发现铬含量 12.17%、镍含量 1.23%、锰含量 6.42%，不符合 Q/GDW 11717—2017《电网设备金属技术监督导则》中 9.2.7 条规定"轴销及开口销的材质应为 06Cr19Ni10 的奥氏体不锈钢"，因此检测结果不合格。

整改要求：对不合格的轴销进行整批更换，对更换后的设备进行复测，合格后方可使用。

❋ 案例五

根据国家电网金属专项技术监督要求，对某 220kV 变电站新建工程的 2 台 220kV 变压器中性点隔离开关刀闸镀银层厚度进行检测，检测依据 GB/T 16921—2005《金属覆盖层　覆盖层厚度测量　X 射线光谱方法》，使用尼通 XL3t980 型便携式 X 射线荧光光谱分析仪进行测试。

主要操作步骤如下：

（1）开启仪器，完成设备校准，进入镀层测厚模式，基材为铜，镀层为银。

（2）用干布将检测面擦净。

（3）将便携式 X 射线荧光光谱分析仪激发窗口垂直贴合被检表面，扣动扳机开始测量，如图 5-7 所示。激发停止后，记录检测结果，选择每相不同位置测试 6 次。检测结果见表 5-5。

图 5-7　X 射线荧光光谱分析仪现场检测

表 5-5   镀 层 测 厚 记 录

部件	刀闸触头				
材质	Ag				
厚度（μm）	11.2	12.9	14.2	11.1	9.8	10.7

检测发现该触头镀银层厚度为 8.2～14.4μm，不满足 Q/GDW 13076.1—2018《126～550kV 交流三相隔离开关接地开关采购标准　第 1 部分：通用技术规范》"触头的镀银层厚度应大于或等于 20μm"；以及 Q/GDW 11717—2017《电网设备金属技术监督导则》第 9.2.3 条规定"隔离开关和接地开关动、静触头接触部位应整体镀银，镀银层厚度应不小于 20μm"，因此检测结果不合格。

整改要求：抽检不合格的隔离开关应视为该厂家该型号的隔离开关触头全部不合格，予以更换并复测，合格后方可使用。

※ 案例六

根据国家电网金属专项技术监督要求，对某 220kV 变电站新建工程的 6 组 35kV 电容器配套装置隔离开关刀闸镀银层厚度进行检测，检测依据 GB/T 16921—2005《金属覆盖层　覆盖层厚度测量　X 射线光谱方法》，使用尼通 XL3t980 型便携式 X 射线荧光光谱分析仪进行测试。

主要操作步骤如下：

（1）开启仪器，完成设备校准，进入镀层测厚模式，基材为铜，镀层为银。

（2）用干布将检测面擦净。

（3）将便携式 X 射线荧光光谱分析仪激发窗口垂直贴合被检表面，扣动扳机开始测量，如图 5-8 所示。激发停止后，记录检测结果。

图 5-8　X 射线荧光光谱分析仪现场检测

（4）如显示检测不到样品或厚度极小，将仪器模式切换为合金，重新测量。选择每相不同位置测试 6 次。检测结果见表 5-6。

表 5-6　　　　　　　　镀 层 测 厚 记 录

部件	刀闸触头					
材质	Sn					
厚度（μm）	7.7	5.3	6.3	8.5	9.8	7.9

检测发现该触头镀层材质为锡，厚度为 6.3～9.8μm，不满足 Q/GDW 13078.1—2018《72.5kV 及以下交流单相隔离开关采购标准　第 1 部分：通用技术规范》规定"触头的镀银层厚度应大于或等于 20μm"以及 Q/GDW 11717—2017《电网设备金属技术监督导则》第 9.2.3 条规定，"隔离开关和接地开关动、静触头接触部位应整体镀银，镀银层厚度应不小于 20μm"，因此检测结果不合格。

整改要求：抽检不合格的隔离开关应视为该厂家该型号的隔离开关触头全部不合格，予以更换并复测，合格后方可使用。

※ 案例七

根据国家电网金属专项技术监督要求，对某 220kV 变电站新建工程的 1 台检修电源箱抽取 1 台进行厚度检测，检测依据 GB/T 11344—2008《无损检测接触式超声脉冲回波法测厚方法》。使用 DM5E 超声波测厚仪进行测试。

主要操作步骤如下：

（1）开启仪器，使用不锈钢梯形试块完成设备校准。

（2）进用干布将检测面擦净。

（3）将耦合剂涂抹至检测点，超声波测厚仪触头垂直贴合被检表面，待耦合良好后仪器出现稳定读数，记录检测结果，各个面选择不同位置测试 3 次，如图 5-9 所示。检测结果见表 5-7。

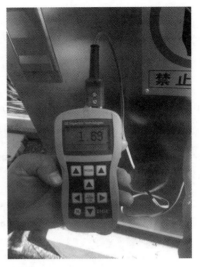

图 5-9 超声波测厚仪现场检测

表 5-7 厚 度 检 测 记 录

位置	正面			反面			左侧面			右侧面			顶面		
厚度（mm）	1.66	1.69	1.67	1.68	1.68	1.67	1.66	1.68	1.69	1.67	1.66	1.68	1.69	1.68	1.67

检测结果该箱体厚度 1.66～1.69mm，不满足 Q/GDW 11717—2017《电网设备金属技术监督导则》，"户外密闭箱体（控制、操作及检修电源箱等）应具有良好的密封性能，其公称厚度不应小于 2mm，如采用双层设计，其单层厚度不得小于 1mm。检测过程中允许 10%尺寸偏差"的要求。不合格。

整改要求：对不合格的箱体进行整批更换，对更换后的设备进行复测，合格后方可使用。

❖ 案例八

根据国家电网金属专项技术监督工作要求，对某 220kV 变电站新建工程的 GIS 母线筒罐体环焊缝进行超声检测抽检。根据厂家提供的资料，GIS 壳体材质为 5083 系列 Al-Mg 合金，焊缝坡口为 X 形坡口，壁厚 8mm。采用 A 型脉冲反射超声检测方法对某一母线筒的环焊缝进行检测。执行标准为 JB/T 4734—2002《铝制焊接容器》、NB/T 47013.3—2015《承压设备无损检测 第 3 部分：超声检测》。

检测仪器使用 CTS-9006 型数字式超声波检测仪，探头为 5P8×8K2.5（实测探头前沿为 6mm）。根据 NB/T 47013 相关内容规定，调节仪器及绘制距离−波幅曲线，以 φ2×40−21dB（耦合补偿为 3dB）为扫查灵敏度，在罐体外壁使用一、二次波对焊缝进行检测。以锯齿形扫查方式进行初探，发现可疑缺陷信号后，再辅以前后、左右、转角、环绕等扫查方式对其进行最终确定。

图 5−10 所示为母线筒环焊缝上出现的一典型缺陷波形，闸门锁定的回波显示有一深度为 14.0mm（二次波）的缺陷，缺陷波幅超过判废线，采用降低 6dB 相对灵敏度法测定缺陷长度为 9.6mm，判定其为Ⅲ级，按验收标准为不合格焊缝。

图 5−10　母线筒环焊缝缺陷

※ 案例九

根据国家电网金属专项技术监督工作内容的通知要求，对某 110kV 输电线路新建工程的 10kV 一/四段分段引线后柜开关柜铜排开展金属专项技术监督的导电率检测，开关柜铜排如图 5−11 所示。采用 Sigma2008a 型数字电导率仪。检测依据为 GB/T 32791—2016《铜及铜合金导电率涡流测试方法》，质量判定依据为 GB/T 5585.1—2005《电工用铜、铝及其合金母线　第 1 部分：铜和铜合金母线》。

主要操作步骤如下：

（1）根据仪器操作规程，用标准试块对 Sigma2008a 型数字电导率仪进行校准。

（2）用干布将检测面擦净。

（3）将仪器探头垂直接触铜排表面开始检测，在 A、B、C 三相各测 3 次。检测结果见表 5−8。

图 5-11　开关柜铜排

表 5-8　　　　　　　　导电率检测记录

检测对象	测点编号	1	2	3
A 相	（IACS%）	92.40	91.21	90.62
检测对象	测点编号	1	2	3
B 相	（IACS%）	91.66	90.26	92.32
检测对象	测点编号	1	2	3
C 相	（IACS%）	91.78	90.61	91.25

　　依据 GB/T 5585.1—2005《电工用铜、铝及其合金母线　第 1 部分：铜和铜合金母线》中 4.9.1 条规定，导电率大于等于 97%IACS。该开关柜铜排导电率最大值仅为 92.4%IACS，未达到标准规定所要求的最小值，不合格。

　　整改要求：对不合格的铜排进行整批更换，对更换后的设备进行复测，合格后方可使用。

※ 案例十

　　根据国家电网金属专项技术监督工作要求，对某 220kV 变电站新建工程的 1 台 35kV 开关柜铜排连接导电接触部位镀层进行检测，检测依据 GB/T 16921—2005《金属覆盖层　覆盖层厚度测量　X 射线光谱方法》，使用尼通 XL3t980 型便携式 X 射线荧光光谱分析仪进行测试。

　　主要操作步骤如下：

　　（1）开启仪器，完成设备校准，进入镀层测厚模式，基材为铜，镀层为银。

（2）用干布将检测面擦净。

（3）将便携式 X 射线荧光光谱分析仪激发窗口垂直贴合被检表面，扣动扳机开始测量，如图 5-12 所示。激发停止后，记录检测结果。

（4）如显示检测不到样品或厚度极小，将仪器模式切换为合金，重新测量。选择每相不同位置测试 6 次。检测结果见表 5-9。

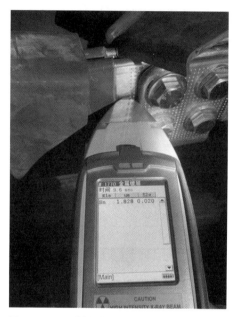

图 5-12　X 射线荧光光谱分析仪现场检测

表 5-9　　　　　　　　　　　　镀 层 检 测 记 录

部件	铜排搭接部位					
材质	Sn					
厚度（μm）	1.8	2.4	2.6	1.9	2.4	2.1

发现部分开关柜铜排搭接部位镀锡，不符合 Q/GDW 13088.1—2018《12kV～40.5kV 高压开关柜采购标准　第 1 部分：通用技术规范》5.2.7 条规定，"开关柜内母线搭接面应镀银，镀银层厚度不小于 8μm"和 Q/GDW 11717—2017《电网设备金属技术监督导则》12.2.3 条规定，"开关柜里所有铜排连接的导电接触部位应采用镀银处理，且镀银层厚度不应小于 8μm"，因此检测结果不合格。

整改要求：对不合格的开关柜铜排进行整批更换，对更换后的设备进行复测，合格后方可使用。

※ 案例十一

根据国家电网金属专项技术监督工作的要求，对上海某 220kV 输电线路新建工程的 1 号站用变压器柜接地体开展金属专项技术监督的镀锌层厚度检测，接地体如图 5-13 所示。采用 EPK7400 镀锌层测厚仪。检测依据为 GB/T 4956—2003《磁性基体上非磁性覆盖层 覆盖层厚度测量 磁性法》，质量判定依据为 DL/T 1342—2014《电气接地工程用材料及连接件》。

图 5-13　1 号站用变压器柜接地体

主要操作步骤如下：

（1）开启仪器，进入镀层测厚模式，基材为铁，镀层为锌。

（2）根据仪器操作规程，在标准试块上对 EPK7400 镀锌层测厚仪进行校准。

（3）用干布将检测面擦净。

（4）对该接地体试件选取 6 点进行检测。检测结果见表 5-10。

表 5-10　　　　　　　　　　测 厚 记 录

测点编号	1	2	3	4	5	6
厚度（μm）	31.0	36.1	38.8	39.6	35.3	32.2

依据 DL/T 1342—2014《电气接地工程用材料及连接件》中 6.1.2.2 条规定"热浸镀层厚度最小值 70μm，最小平均值 85μm"，该接地体厚度未达到标准规定最小值的要求，因此检测结果不合格。

整改要求：抽检不合格的接地体应视为该厂家、该规格的接地体全部不合格，予以更换并复测，合格后方可使用。

※ 案例十二

对天津某 220kV 变电站新建工程的 52 根铜覆钢接地极镀层进行检测，在其中抽取 5 件进行检测。检测依据为 GB/T 4956—2003《磁性基体上非磁性覆盖层 覆盖层厚度测量 磁性法》，使用 MiniTest4100 镀层测厚仪进行测试。

主要操作步骤如下：

（1）开启仪器，确认模式为磁性测量模式。

（2）点击 zero 键，使用校准块校零；再分别使用 50μm 及 150μm 校准片进一步校准。

（3）用干布将检测面擦净。

（4）将镀层测厚仪触头垂直贴合被检表面，待 2s 后仪器出现读数，记录检测结果，选择不同位置测试 6 次，如图 5−14 所示。检测结果见表 5−11。

图 5−14　镀层测厚仪现场检测

表 5−11　　　　　　　　镀 层 测 厚 记 录

编号	1	2	3	4	5
平均厚度（mm）	0.342	0.324	0.322	0.202	0.334

检测发现，抽取的 5 根样品中有 1 根平均镀层为 0.202mm，不符合 DL/T 1342—2014《电气接地工程用材料及连接件》6.3.2.2 条规定"单根或绞线单股

铜覆钢铜层厚度，最小值不得小于 0.25mm"，因此检测结果不合格。

整改要求：抽检不合格的接地体应视为该厂家、该规格的接地体全部不合格，予以更换并复测，合格后方可使用。

※ 案例十三

根据国家电网金属专项技术监督工作的要求，对天津某 220kV 变电站新建工程的 110kV 组合电器充气阀阀口及阀盖进行检测，检测依据为 DL/T 991—2006《电力设备金属光谱分析技术导则》，使用尼通 XL3t980 型便携式 X 射线荧光光谱分析仪进行检测。

主要操作步骤如下：

（1）开启仪器，完成设备校准，进入合金模式。

（2）用干布将检测面擦净。

（3）将便携式 X 射线荧光光谱分析仪激发窗口垂直贴合被检表面，扣动扳机开始测量，如图 5-15 所示。激发停止后，记录检测结果。检测结果见表 5-12。

图 5-15　X 射线荧光光谱分析仪现场检测

表 5-12   光 谱 分 析 记 录

分部件名称及编号	要求材质	数量	半定量分析（%）		
			Al	Cu	Zn
阀口	非 2、7 系铝合金	7	94.32	4.61	0.308

分部件名称及编号	要求材质	数量	半定量分析（%）		
			Cr	Ni	Mn
阀口	非 2、7 系铝合金	7	16.14	10.07	0.971

检测发现，110kV 组合电器充气阀门阀口材质为 316 不锈钢，阀盖材质中铜含量为 4.61%，为 2 系铝合金，不符合 Q/GDW 11717—2017《电网设备金属技术监督导则》10.2.4 条规定"气体绝缘互感器充气接头不应采用 2 系和 7 系铝合金"和《国家电网有限公司十八项电网重大反事故措施（修订版）》12.2.1.17 条规定"GIS 充气口保护封盖的材质应与充气口材质相同，防止电化学腐蚀"，因此检测结果不合格。

整改要求：对不合格的抱箍进行整批更换，对更换后的抱箍进行复测，合格后方可使用。

※ 案例十四

根据国家电网金属专项技术监督工作的要求，对天津某 220kV 变电站新建工程的 220kV 组合电器的外露传动机构进行检测，检测依据为 GB/T 4956—2003《磁性基体上非磁性覆盖层 覆盖层厚度测量 磁性法》，使用 MiniTest4100 镀层测厚仪进行检测。

主要操作步骤如下：

（1）开启仪器，确认模式为磁性测量模式。

（2）点击 zero 键，使用校准块校零；再分别使用 50μm 及 150μm 校准片进一步校准。

（3）用干布将检测面擦净。

（4）将镀层测厚仪触头垂直贴合被检表面，待 2s 后仪器出现读数，记录检测结果，选择不同位置测试 6 次，如图 5-16 所示。检测结果见表 5-13。

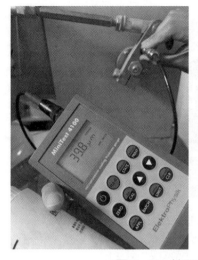 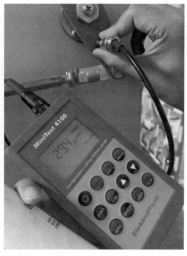

图 5-16 镀层测厚仪现场检测

表 5-13 镀 层 测 厚 记 录

测点编号	1	2	3	4	5	6
厚度（μm）	29.4	42.0	50.4	39.8	49.2	29.2

发现镀锌层厚度为 16.5～24.5μm，不满足 DL/T 1425—2015《变电站金属材料腐蚀防护技术导则》表 1 规定，传动件镀锌层平均厚度不低于 65μm，因此检测结果不合格。

整改要求：抽检不合格的隔离开关视为该厂家、该型号的隔离开关传动件全部不合格，由厂家全检并予以更换或处理不合格部件，原监督单位扩大比例复测，合格后方可使用。

第五节 输电设备金属技术监督案例

※ 案例十五

根据国家电网金属专项技术监督工作的要求，对某 220kV 新建输电线路铁塔螺栓螺母取样，开展螺栓楔负载及螺母保证载荷试验。采用拉力试验机进行实验室检测，如图 5-17 所示。螺栓楔负载、螺母保证载荷试验为破坏性试验，抽检试件不可再用于工程。紧固件的检测及质量判定依据 DL/T 284—2012《输电线路杆塔及电力金具用热浸镀锌螺栓与螺母》《国家电网公司物资采购标准杆塔卷、铁附件卷》、GB/T 3098.1—2010《紧固件机械性能 螺栓、螺钉和螺柱》、GB/T 3098.2—2015《紧固件机械性能螺母粗牙螺纹》等标准的要求。

图5-17　螺栓楔负载和螺母保证载荷试验

发现在螺母保证载荷试验时，编号M16×50-1螺母在载荷为108.9kN时脱扣，且在卸载后超过半扣无法旋出，不满足标准要求，见表5-14。

表5-14　　　　　　　　　螺栓楔负载、螺母保证载荷试验记录

螺母保证载荷试验记录					
试样编号	保载时间（s）	保证载荷（标称）（$A_s \times S_p$）（N）	拉伸过程中发生情况	卸载后发生情况	结论
M16×50-1	15	109 900	☑脱扣 □断裂 □完好（若脱扣或断裂，载荷为：108.9kN）	□手旋出 □扳手旋出，不超过半扣 ☑超过半扣扳手旋出或无法旋出	不合格
M16×50-2	15	109 900	□脱扣 □断裂 ☑完好（若脱扣或断裂，载荷为：/）	☑手旋出 □扳手旋出，不超过半扣 □超过半扣扳手旋出或无法旋出	合格
M16×50-3	15	109 900	□脱扣 □断裂 ☑完好（若脱扣或断裂，载荷为：/）	☑手旋出 □扳手旋出，不超过半扣 □超过半扣扳手旋出或无法旋出	合格

续表

螺栓楔负载试验记录					
试样编号	最小拉力载荷（kN） ☑粗牙螺纹 ☐细牙螺纹	最大拉力试验力（kN）	断裂部位	楔垫角度（°）	楔垫孔径（mm）	结论
M16×50-1	94	112.55	未旋合螺纹处	6	17.6	合格
M16×50-2	94	110.95	未旋合螺纹处	6	17.6	合格
M16×50-3	94	111.61	未旋合螺纹处	6	17.6	合格

整改要求：对不合格的螺栓、螺母进行整批更换，对更换后的螺栓、螺母进行复测，合格后方可使用。

❊ 案例十六

根据国家电网金属专项技术监督工作的要求，对某 220kV 输电线路的 U 形挂环的闭口销进行材质检测，检测依据为 DL/T 991—2006《电力设备金属光谱分析技术导则》，使用尼通 XL3t980 型便携式 X 射线荧光光谱分析仪进行测试。质量判定依据为 DL/T 1343—2014《电力金具用闭口销》4.1 条规定"闭口销材料应采用 GB/T 1220 规定的奥氏体不锈钢"。

主要操作步骤如下：

（1）开启仪器，完成设备校准，进入合金模式。

（2）用干布将检测面擦净。

（3）将便携式 X 射线荧光光谱分析仪激发窗口垂直贴合被检表面，扣动扳机开始测量，如图 5-18 所示。激发停止后，记录检测结果。检测结果见表 5-15。

表 5-15　　　　　光 谱 分 析 记 录

分部件名称及编号	要求材质	数量	半定量分析（%）			结果评定
			Cr	Ni	Mn	
U 形挂环	奥氏体不锈钢	5	10.85	0.67	15.34	不符合要求

检测发现闭口销材质铬含量为 10.85%，镍含量为 0.67%，锰含量为 15.34%，非标准牌号奥氏体不锈钢，不符合标准要求。

整改要求：抽检不合格的闭口销应视为该批次闭口销不合格，予以更换并复测，合格后方可使用。

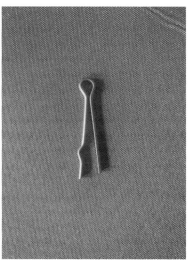

图 5-18 X 射线荧光光谱分析仪现场检测

❈ 案例十七

根据国家电网金属专项技术监督工作的要求，对某 220kV "三跨" 线路耐张线夹在压接后现场开展 X 射线检测。采用便携式 X 射线数字成像检测，检测及判定依据为 Q/GDW 11793—2017《输电线路金具压接质量 X 射线检测技术导则》，结果如图 5-19 所示。

线夹类型	压缩型	线夹型号	NY-400/35
方位	大号侧	相别	中
分裂号	2	检测日期	
成像系统类型	DR	射线源	X 射线机
管电压（kV）	100	脉中个数	（脉中射线机填写）
管电流（mA）	3.0	焦距（mm）	600
曝光时间（s）	5	软件	DR 系统 Rhythm 软件
检测依据	Q/GDW 11793—2017《输电线路金具压接质量 X 射线检测技术导则》		

图 5-19 X 射线数字成像检测结果（一）

检测图像及解读：

（1）钢锚与铝管压接部位：钢锚凹槽处漏压两槽。

（2）锚管与芯线压接部位：压接良好。

（3）铝管与铝线压接部位：压接良好。

备注：

导线为二分裂，面向大号侧，顺时针标注，左上角标注为1。

图5-19 X射线数字成像检测结果（二）

检测发现钢锚与铝管压接部位漏压两处，为严重缺陷。

整改要求：对压接质量不符合要求的耐张线夹进行更换处理，并予以复测，合格后方可使用。

第六节 配电设备金属技术监督案例

※ 案例十八

根据国家电网金属专项技术监督工作的要求，对某线路改造工程的10kV跌落式熔断器进行专项检测，对跌落式熔断器导电片（见图5-20）及触头镀层进行检测，采用尼通XL3t980型便携式X射线荧光光谱分析仪。检测依据为GB/T 16921—2005《金属覆盖层 覆盖层厚度测量 X射线光谱方法》，质量判定依据为Q/GDW 13087.1—2018《12kV～40.5kV 户外跌落式熔断器采购标准 第1部分：通用技术规范》。

主要操作步骤如下：

（1）开启仪器，完成设备校准，进入镀层测厚模式，基材为铜，镀层为银。

（2）用干布将检测面擦净。

图 5-20　跌落式熔断器导电片

（3）将便携式 X 射线荧光光谱分析仪激发窗口垂直贴合被检表面，扣动扳机开始测量。激发停止后，记录检测结果，选择不同位置测试 3 次，如图 5-21 所示。检测结果见表 5-16。

表 5-16　　　　跌落式熔断器导电片镀银层厚度测量结果测厚记录

测点编号	1	2	3
厚度（μm）	镀锡	镀锡	镀锡

依据 Q/GDW 11257—2014《10kV 户外跌落式熔断器选型技术原则和检测技术规范》中 6.9.4 条"跌落式熔断器的导电片触头导电接触部分均要求镀银，且厚度≥3μm"，该 10kV 跌落式熔断器导电片为镀锡，不满足标准规定的"镀银"要求，因此检测结果不合格。

依据 Q/GDW 13087.1—2018《12kV～40.5kV 户外跌落式熔断器采购标准　第 1 部分：通用技术规范》5.2.3.2 a）条规定，导电片触头导电接触部分均要求镀银，镀层均匀且厚度≥3μm。该 10kV 跌落式熔断器触头为镀锡（见图 5-21 和表 5-17），不满足标准规定的"镀银"要求，因此检测结果不合格。

图 5-21　熔断器动触头

表 5-17　　　　跌落式熔断器触头镀银层厚度测量结果测厚记录

测点编号	1	2	3
厚度（μm）	镀锡	镀锡	镀锡

根据国家电网金属专项技术监督工作的要求，对跌落式熔断器导电片导电率进行检测，检测依据为 GB/T 32791—2016《铜及铜合金导电率涡流测试方法》，质量判定依据为 Q/GDW 13087.1—2018《12～40.5kV 户外跌落式熔断器采购标准　第 1 部分：通用技术规范》，采用 Fischer SMP350 型电导率仪进行检测。

主要操作步骤如下：

（1）开启仪器，使用 101%IACS 校准块完成设备校准。

（2）用干布将检测面擦净。

（3）将电导率仪触头垂直贴合被检表面，待 2s 后仪器出现读数，记录检测结果，选择不同位置测试 6 次，如图 5-22 所示。检测结果见表 5-18。

图 5-22　电导率仪现场检测

表 5-18   导 电 率 检 测 记 录

检测对象	测点编号	1	2	3	4	5	6
导电片	（%IACS）	94.6	94.7	94.7	94.6	94.6	94.7

依据 Q/GDW 13087.1—2018 5.2.3.2 a 条《12～40.5kV 户外跌落式熔断器采购标准 第 1 部分：通用技术规范》规定：双端逐级排气的导电片应选用导电率不低于 97%IACS 的 T2 纯铜或以上材料；单端排气的上触头导电片含铜量不低于 95，下触头导电片应选用导电率不低于 97%IACS 的 T2 纯铜或以上材料。该 10kV 跌落式熔断器导电片导电率 94.6IACS%～94.7IACS%，不满足标准规定的 97%IACS 要求，因此检测结果不合格。

根据国网金属专项技术监督工作的要求，对跌落式熔断器铁件热镀锌厚度进行检测，检测依据为 GB/T 4956—2003《磁性基体上非磁性覆盖层 覆盖层厚度测量 磁性法》，质量判定依据为 Q/GDW 13087.1—2018《12～40.5kV 户外跌落式熔断器采购标准 第 1 部分：通用技术规范》，采用 MiniTest 型镀层测厚仪进行检测。

主要操作步骤如下：

（1）开启仪器，确认模式为磁性测量模式。

（2）点击 zero 键，使用校准块校零；再分别使用 50μm 及 150μm 校准片进一步校准。

（3）用干布将检测面擦净。

（4）将镀层测厚仪触头垂直贴合被检表面，待 2s 后仪器出现读数，记录检测结果，选择不同位置测试 6 次，如图 5-23 所示。检测结果见表 5-19。

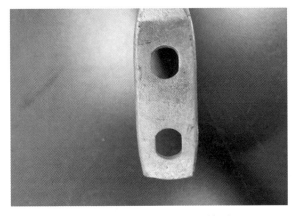

图 5-23　镀层测厚仪现场检测

表 5 – 19　　　　　　　　　　　　　镀 层 测 厚 记 录

测点编号	1	2	3	4	5	6
厚度（μm）	112.4	111.6	113.7	120.5	117.5	115.3

依据 Q/GDW 13087.1—2018《12～40.5kV 户外跌落式熔断器采购标准　第 1 部分：通用技术规范》5.2.3.3 条规定：各铁件均应热镀锌，锌层均匀且厚度≥ 80μm。该 10kV 跌落式熔断器铁件热镀锌层厚度为 111.6～120.5μm，满足标准规定的要求，因此检测结果合格。

根据国家电网金属专项技术监督工作的要求，对跌落式熔断器铜铸件材质进行检测，检测依据为 DL/T 991—2006《电力设备金属光谱分析技术导则》，质量判定依据为 Q/GDW 13087.1—2018《12～40.5kV 户外跌落式熔断器采购标准　第 1 部分：通用技术规范》。采用尼通 XL3t980 型便携式 X 射线荧光光谱分析仪。

主要操作步骤如下：

（1）开启仪器，完成设备校准，进入合金模式。

（2）用干布将检测面擦净。

（3）将便携式 X 射线荧光光谱分析仪激发窗口垂直贴合被检表面，扣动扳机开始测量。激发停止后，记录检测结果，如图 5–24 所示。检测结果见表 5–20。

图 5–24　X 射线荧光光谱分析仪现场检测

表 5 – 20　　　　　　　　　　　　　光 谱 分 析 记 录

分部件名称及编号	要求材质	数量	半定量分析（%）			结果评定
			Cu	Zn	—	
铜铸件	铜含量大于 90%	1	55.70	43.29	—	不符合要求

依据 Q/GDW 13087.1—2018《12～40.5kV 户外跌落式熔断器采购标准　第 1 部分：通用技术规范》5.2.3.3 条规定，跌落式熔断器的铜铸件的材质要求为青铜（含铜量大于 90%）及以上。该 10kV 跌落式熔断器铜铸件铜含量为 55.7%，材质为黄铜，不满足标准规定的青铜（含铜量大于 90%）及以上要求，因此检测结果不合格。

※ 案例十九

根据国家电网金属专项技术监督工作的要求，对户外柱上断路器接线端子镀锡层（见图 5-25）进行检测，采用尼通 XL3t980 型便携式 X 射线荧光光谱分析仪。检测依据为 GB/T 16921—2005《金属覆盖层　覆盖层厚度测量 X 射线光谱方法》，质量判定依据为 Q/GDW 13084.2—2018《12kV 户外柱上断路器采购标准　第 2 部分：12kV 户外柱上真空断路器专用技术规范》和 Q/GDW 13084.3—2018《12kV 户外柱上断路器采购标准　第 3 部分：12kV 户外柱 SF₆ 断路器专用技术规范》。

图 5-25　柱上断路器操作端子

主要操作步骤如下：

（1）开启仪器，完成设备校准，进入镀层测厚模式，基材为铜，镀层为锡。

（2）用干布将检测面擦净。

（3）将便携式 X 射线荧光光谱分析仪激发窗口垂直贴合被检表面，扣动扳机开始测量。激发停止后，记录检测结果，选择不同位置测试 6 次，如图 5-26 所示。检测结果见表 5-21。

表 5-21　　　　　　　　　　镀 层 测 厚 记 录

镀层元素	Sn					
测点编号	1	2	3	4	5	6
厚度（μm）	2.5	1.9	2.7	2.2	2.2	1.9

依据 Q/GDW 13084.2—2018《12kV 户外柱上断路器采购标准　第 2 部分：12kV 户外柱上真空断路器专用技术规范》表 1、Q/GDW 13084.3—2018《12kV 户外柱上断路器采购标准　第 3 部分：12kV 户外柱上 SF_6 断路器专用技术规范》表 1，接线端子材质为 T2 及以上，外表面进行镀锡工艺处理，镀锡层厚度≥12μm。该户外柱上断路器镀锡层厚度为 1.9～2.7μm。不满足标准规定的要求，检测结果不合格。

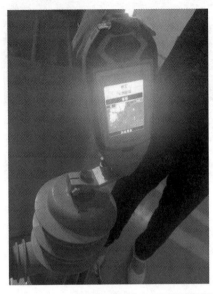

图 5-26　X 射线荧光光谱分析仪现场检测

根据国家电网金属专项技术监督工作的要求，对户外柱上断路器接线端子导电率进行检测。检测依据为 GB/T 32791—2016《铜及铜合金导电率涡流测试方法》，质量判定依据为 Q/GDW 13084.2—2018《12kV 户外柱上断路器采购标准　第 2 部分：12kV 户外柱上真空断路器专用技术规范》、Q/GDW 13084.3—2018《12kV 户外柱上断路器采购标准　第 3 部分：12kV 户外柱上 SF_6 断路器专用技术规范》。采用 Fischer SMP350 型电导率仪进行检测。

主要操作步骤如下：

（1）开启仪器，使用 101%IACS 校准块完成设备校准。

（2）用干布将检测面擦净。

（3）将电导率仪触头垂直贴合被检表面，待 2s 后仪器出现读数，记录检测结果，选择不同位置测试 6 次，如图 5-27 所示。检测结果见表 5-22。

表 5-22　　　　　　　　　　电 导 率 测 试 记 录

检测对象	测点编号	1	2	3	4	5	6
导电片	（%IACS）	97.5	97.4	97.5	97.4	97.6	97.4

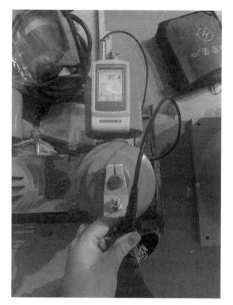

图 5-27 电导率仪现场检测

依据 Q/GDW 13084.2—2018《12kV 户外柱上断路器采购标准 第 2 部分：12kV 户外柱上真空断路器专用技术规范》表 1、Q/GDW 13084.3—2018《12kV 户外柱上断路器采购标准 第 3 部分：12kV 户外柱上 SF_6 断路器专用技术规范》表 1，接线端子材质为 T2 及以上，电导率 ≥ 56S/m（即导电率 ≥ 96.6% IACS）。该户外柱上断路器接线端子导电率 96.6IACS%～96.8IACS%，满足标准规定的 96.6%IACS 要求，因此检测结果合格。

根据国家电网金属专项技术监督工作的要求，对户外柱上断路器外壳厚度进行检测，检测依据为 GB/T 11344—2008《无损检测接触式超声脉冲回波法测厚方法》，质量判定依据为 Q/GDW 13084.1—2018《12kV 户外柱上断路器采购标准 第 1 部分：通用技术规范》，采用 DM5E 型超声波测厚仪进行检测。

主要操作步骤如下：

（1）开启仪器，使用不锈钢梯形试块完成设备校准。

（2）用干布将检测面擦净。

（3）将耦合剂涂抹至检测点，超声波测厚仪触头垂直贴合被检表面，待耦合良好后仪器出现稳定读数，记录检测结果，各个面选择不同位置测试 3 次，如图 5-28 所示。检测结果见表 5-23。

表 5-23　　　　　　　　厚 度 检 测 记 录

检测面	正面			左侧面			右侧面		
厚度（mm）	2.03	2.05	2..05	2.04	2.03	2.04	2.02	2.04	2.05

检测面	反面			顶面			底面		
厚度（mm）	2.04	2.05	2.03	2.04	2.04	2.05	2.03	2.04	2.05

依据 Q/GDW 13084.1—2018《12kV 户外柱上断路器采购标准 第 1 部分：通用技术规范》5.2.3 条，外壳应采用厚度不小于 2mm、防锈性能不低于 S304 牌号的不锈钢或其他耐腐蚀材质板制成。该户外柱上断路器外壳厚度 2.03～2.05mm，满足标准规定的要求，因此检测结果合格。

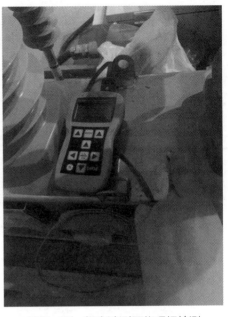

※ 案例二十

根据国家电网金属专项技术监督工作的要求，对 JP 柜外壳厚度进行检测（见图 5-29），检测依据为 GB/T 11344—2008《无损检测接触式超声脉冲回波法测厚方法》，质量判定依据为 Q/GDW 13094.1—

图 5-28 超声波测厚仪现场检测

2018《综合配电箱采购标准 第 1 部分：通用技术规范》，采用 DM5E 型超声波测厚仪进行检测。

图 5-29 JP 柜

主要操作步骤如下：

（1）开启仪器，使用不锈钢梯形试块完成设备校准。

（2）用干布将检测面擦净。

（3）将耦合剂涂抹至检测点，超声波测厚仪触头垂直贴合被检表面，待耦合良好后仪器出现稳定读数，记录检测结果，各个面选择不同位置测试 3 次。检测结果见表 5－24。

表 5－24　　　　　　　　　厚 度 检 测 记 录

检测面	正面			左侧面			右侧面		
厚度（mm）	1.55	1.56	1.53	1.56	1.54	1.54	1.55	1.57	1.56
检测面	反面			顶面			底面		
厚度（mm）	1.54	1.55	1.55	1.56	1.56	1.56	1.54	1.55	1.54

依据 Q/GDW 13094.1—2018《综合配电箱采购标准　第 1 部分：通用技术规范》5.4.2 c）条规定，装置外壳应采用 2mm 厚不锈钢板、优质冷轧钢板金属材质或相应强度的其他材质制作（如 SMC 材料）。JP 柜外壳厚度 1.54～1.56mm，不满足标准规定的要求，因此检测结果不合格。

第六章

电网设备故障失效典型案例

一、某 500kV 变电站 GW6-550 型隔离开关导电杆腐蚀原因分析

1. 案例简述

2018 年 3 月，某 500kV 变电站某隔离开关检修时发现导电杆严重腐蚀。该隔离开关型号为 GW6-550，导电杆为铝合金圆管，材质为 $2Al_2$，热处理状态为 T4 状态，运行时间约 15 年。该隔离开关导电杆局部实物图如图 6-1 所示。

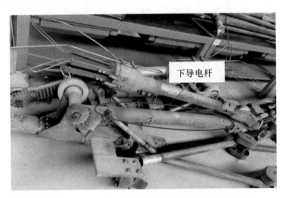

图 6-1　隔离开关局部和导电杆位置图

2. 检测项目及结果

（1）宏观检查。该隔离开关的下导电杆全长 1300mm，两端头长 230mm，外径 108mm，壁厚 5.5mm，中间区段外径 110mm，壁厚 6.5mm。导电杆两端头用抱箍夹紧固定，端头外表面有镀铜层和镀银层，抱箍夹紧缝隙处基体铝合金腐蚀严重，缝隙周围镀银层破损，局部呈红色，有明显露铜现象，部分镀银层与基体发生剥离，且基体上存在铜的腐蚀产物铜绿。中间区段两侧靠近端头位置严重腐蚀，外表面存在明显裂缝，裂缝两侧的表层金属整体向上翘起，翘起位置附近的金属已被严重腐蚀，腐蚀产物呈灰白色层片状，与基体连接不紧密，较易剥落，且局部区域已经大面积剥落。此外，在该导电杆外壁也发现了几处

明显裂纹，且均向外凸出鼓包。导电杆整体和局部外部形貌如图 6-2 所示。

导电杆内壁腐蚀情况与外壁相似，腐蚀十分严重，腐蚀产物呈层片状，大面积剥落，壁厚严重减薄，尤其是端头位置，局部减薄厚度超过 2mm。导电杆内壁的部分形貌如图 6-3 所示。

图 6-2　导电杆整体及外壁宏观形貌图

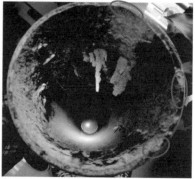

图 6-3　导电杆内壁宏观形貌图

（2）成分分析。$2Al_2$ 铝合金属于变形铝合金，其化学成分标准参照 GB/T 3190—2008《变形铝及铝合金化学成分》规定。对导电杆取样进行光谱分析，其主要化学元素如表 6-1 所示，含量均在国家标准范围内。

表 6-1 　　　　　　　　光谱分析结果及标准要求（质量分数，%）

主要化学元素	Cu	Mg	Mn	Si	Fe	Zn	Ni	Ti	Al
标准值	3.8～4.9	1.2～1.8	0.3～0.9	≤0.50	≤0.50	≤0.30	≤0.10	≤0.15	余量
导电杆样品	4.19	1.25	0.565	0.123	0.153	0.084 3	0.005 5	0.020 1	93.6

（3）力学性能试验。从导电杆中部腐蚀程度较低的部位取 3 个拉伸试样，分别标记为 L1～L3，依据 GB/T 228.1—2010《金属材料 拉伸试验 第 1 部分：室温试验方法》在室温环境下进行拉伸试验。试验数据结果如表 6-2 所示，3 个拉伸试样的强度和伸长率均高于 GB/T 4437.1—2015《铝及铝合金热挤压管 第 1 部分：无缝圆管》中 T4 状态 $2Al_2$ 铝合金管的力学性能要求。

表 6-2 　　　　　　　　　　拉伸试验结果及标准要求

性能指标	抗拉强度 R_m（MPa）	屈服强度 $R_{p0.2}$（MPa）	断后伸长率 A（%）
标准要求	≥390	≥255	≥10
试样 L1	528	357	11.5
试样 L2	518	359	11.5
试样 L3	527	351	15.5

（4）显微组织分析。从导电杆端部锯取一块试样，尺寸大小为 15mm×20mm，经过打磨、抛光、清洗和干燥，选用 0.5% 的氢氟酸溶液进行侵蚀，清洗、干燥后使用金相显微镜观察镀银层厚度和基体金相组织，如图 6-4 和图 6-5 所示。

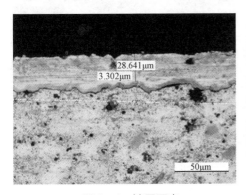

图 6-4 镀层厚度　　　　　　　　图 6-5 金相组织

从图6-4可以看出,镀银层与铝合金基体之间有厚度为3.30μm的预镀铜层,镀银层厚度为25.54μm,镀银层厚度符合DL/T 1424—2015中隔离开关接触部位镀银层厚度不小于20μm的要求。基体组织中可见明显的灰色基体相和黑色颗粒相,且黑色颗粒相多沿晶界分布。

(5)扫描电镜分析。利用扫描电镜对试样的腐蚀部位进行形貌观察,如图 6-6(a)和图 6-6(b)所示,腐蚀产物整体为层片状,部分呈疏松絮状,腐蚀产物存在明显裂纹。图 6-6(c)为腐蚀开始阶段的腐蚀产物形貌图,腐蚀产物存在明显的龟裂纹,中间区域腐蚀产物剥落,并剥落区域有向两侧扩展趋势。图 6-6(d)为导电杆内壁腐蚀产物横截面形貌图,腐蚀产物为明显层片状,且基体附近存在大量裂纹,腐蚀从表层向内部扩展,腐蚀产物逐层剥落,发生剥落腐蚀。

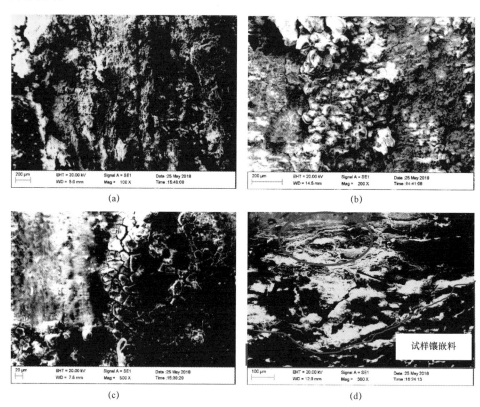

图6-6 腐蚀产物形貌图

对侵蚀后的金相组织和不同区域的腐蚀产物进行能谱分析,结果如图 6-7、图 6-8 所示。侵蚀后的金相组织能谱分析结果表明,铝合金基体的主要元素为

Al、Cu、Mg，与基体组织相比，图 6-5 中金相组织中黑色颗粒相中铜元素含量较高，属于富铜相。腐蚀产物能谱分析结果表明腐蚀产物的主要元素为 O、Al，也含有一定量的 Cl 或 S。层片状腐蚀产物的能谱分析结果表明，层片状腐蚀产物为铝的氧化物，部分颗粒状产物中还含有氯元素。对腐蚀开始阶段的腐蚀产物和铝合金基体表面进行能谱分析，结果表明铝合金基体表面和腐蚀产物中都含有大量的 Cl 和 S。

元素	重量百分比，%	
	图谱1	图谱3
Al	56.20	94.42
Cu	30.18	4.19
Mg	0.10	1.39
Fe	11.26	
Mn	2.26	

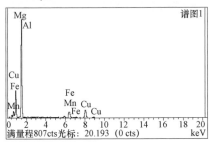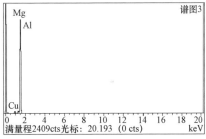

图 6-7 金相组织能谱分析结果

元素	重量百分比，%	
	图谱1	图谱2
Al	30.44	22.98
O	69.56	70.51
Cl	—	6.51

图 6-8 腐蚀产物能谱分析结果（一）

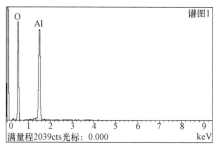

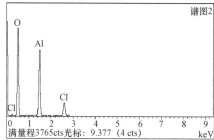

元素	重量百分比，%		
	图谱1	图谱2	图谱6
Al	38.23	28.16	36.49
O	54.26	64.07	56.38
Cl	1.37	3.95	2.03
S	6.14	3.82	5.10

电子图像1

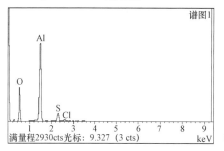

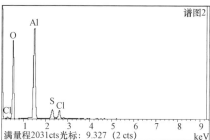

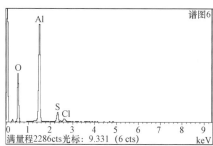

图6-8 腐蚀产物能谱分析结果（二）

3. 综合分析

通过宏观形貌分析，该铝合金导电杆外壁靠近端头处和内部大面积发生严重腐蚀，局部存在明显裂纹，腐蚀产物呈层片状，腐蚀产物和表层金属大面积剥落，属于典型的剥落腐蚀开裂形貌。

化学成分光谱分析表明，导电杆样品成分各元素均符合 2Al$_2$ 铝合金的成分标准范围。2Al$_2$ 铝合金为 Al-Mg-Cu 系合金，含铜量较高，具有较强的晶间腐蚀和剥落腐蚀敏感性，是该导电杆发生严重腐蚀的主要内在原因。

通过力学拉伸试验，试样的抗拉强度、屈服强度以及断面收缩率均符合国标要求，但腐蚀导致的管壁严重减薄和裂纹可能导致导电杆发生断裂，存在安全隐患。

通过金相分析，基体组织中沿晶界处可见明显的黑色颗粒相，能谱分析结果表明其为富铜相，富铜相的存在使得晶界其他位置产生贫铜区，形成腐蚀微电池，导致晶间腐蚀，且腐蚀产物体积膨胀产生应力作用，导致腐蚀产物及部分未腐蚀部位凸出鼓包，甚至产生裂纹，这也正是宏观形貌中裂纹产生的重要原因。此外，金相组织中晶粒呈宽长而扁平状并存在一定数量的长条状粗大晶粒，且与金属表面大致成平行关系，腐蚀易沿着拉长晶粒间界面产生，发生晶间腐蚀和剥落腐蚀。随着腐蚀过程的进行和腐蚀产物的累积，晶界处应力越来越大，使得金属产生层状分离，产生不连续的裂纹碎片、碎末等，严重时可能会使得完全连续的大块金属片剥离金属基体，产生严重的剥落腐蚀。

扫描电镜腐蚀产物形貌分析结果表明，腐蚀产物呈明显的层状，且存在大量裂纹，与剥落腐蚀特征相吻合。能谱分析结果表明，腐蚀产物主要为铝的氧化物，且腐蚀产物中存在大量的 Cl、S 元素。正常大气环境下，铝合金可以与空气中氧气反应生成致密的氧化物钝化膜，由于该变电站所在区域有较多金属加工企业和化工企业，为典型的重工业气候环境，空气中的含有的氯化物、二氧化硫等腐蚀性物质，氯化物（Cl$^-$）和硫化物（SO$_2$、H$_2$S 等）对钝化膜具有破坏作用，使得空气中腐蚀性介质进入金属内部，腐蚀逐渐往基体内部发展，同时生成的腐蚀产物体积发生膨胀，产生应力作用，导致腐蚀产物呈层片状，同时产生裂纹，腐蚀发生到一定程度之后，腐蚀产物发生剥落，壁厚逐渐减薄，最终发生失效破坏。

4. 结论

（1）该隔离开关导电杆是因为发生晶间腐蚀和剥落腐蚀而减薄，最终导致失效破坏。这与 2Al$_2$ 铝合金本身具有较强的晶间腐蚀和剥落腐蚀敏感性有关。

（2）腐蚀产物中含有大量的 Cl、S 元素，与变电站周边大气环境中含有的氯化物、二氧化硫等腐蚀性物质有关，且对铝合金表面的自然钝化膜有破坏作用。

5. 处理措施

建议将该导电杆材质更换为剥落腐蚀敏感性较低、耐蚀性较强的 Al-Mg 或 Al-Mg-Si 系铝合金。

二、220kV 变电站 252kV-GIS 设备 SF₆ 球阀气体固定法兰开裂

1. 案例简述

某 220kV 变电站 252kV-GIS 设备 SF₆ 球阀气体固定法兰于 2015 年发生开裂现象，经供电公司现场排查发现有 14 件充气阀门组件与壳体对接的安装法兰出现裂纹，分别为：母联 2245 开关 A、B、C 三相，××二线开关 B、C 相气室，2 号主变压器 2202 开关 A、C 相气室，2 号主变压器 2202-5 刀闸 C、B 相气室，××一线 2213 开关 C 相气室，××一线 2213-5 刀闸 C、A 相气室，××一线 2211 开关 C、A 相气室。大部分裂纹都是在法兰的两个铆钉孔处开裂的，少部分出现在铆钉孔对侧。现场宏观照片如图 6-9 所示。

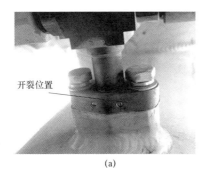 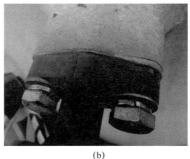

(a)　　　　　　　　　　(b)

图 6-9　法兰开裂现场宏观形貌

（a）裂纹在铆钉孔处开裂；（b）裂纹在铆钉孔对侧开裂

根据检修公司所提供资料，220kV 变电站 252kV 组合电器型号为 ZF10-126G，出厂日期为 2011 年 9 月，投运时间为 2012 年 9 月 27 日。该法兰是 252kV-GIS 设备所用 SF₆ 球阀上的气体固定法兰，SF₆ 球阀的型号为 QF005X-12A 型，该球阀由宁波中迪机械有限公司生产，法兰及阀体材质均为 HPb59-1 铅黄铜。该设备厂家提供的充气球阀及其组件的结构如图 6-10 所示。

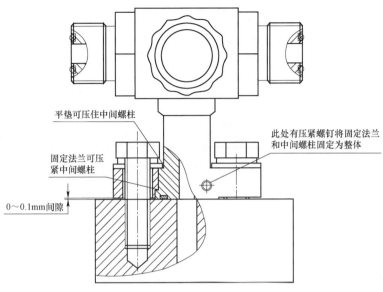

图 6-10　球阀组件结构示意图

2. 检测项目及结果

（1）宏观检查。裂纹沿法兰的铆钉孔处开裂扩展，铆钉孔以过盈配合插接法兰，因此插接装配过程中铆钉孔内壁受到明显的挤压作用，沿内壁切线方向产生较大的拉应力，此部位为应力集中部位，断裂位置如图 6-11 所示，长时间运行后，应力集中部位易发生开裂。观察断口宏观形貌，发现断面粗糙，呈颗粒状，显示断口脆性较大，断口没有明显的塑性变形迹象，故属于脆性断裂。

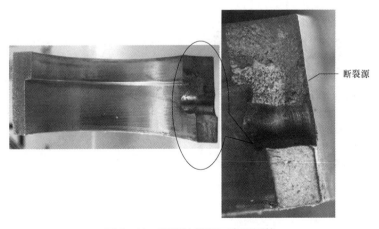

图 6-11　断裂法兰断口宏观形貌

（2）成分分析。对 SF_6 球阀阀体及法兰进行光谱分析，其化学成分如表 6-3 所示。分析结果表明，SF_6 球阀阀体及法兰材料主要化学元素含量均符合标准 GB/T 5231—2012《加工铜及铜合金牌号和化学成分》中对 HPb59-1 铅黄铜的要求。

表 6-3 　　　　　　　　　　 SF_6 球阀阀体及法兰的化学成分

牌号 GB/T 5231—2012	化学成分（质量分数）（%）					
	Cu	Pb	Zn	Fe	Sn	杂质总和
标准要求	57.0～60.0	0.8～1.9	余量	≤0.5	—	≤1.0
阀体含量	57.6	1.7	40.1	0.2	0.2	0.4
法兰含量	57.8	1.6	39.5	0.2	0.2	0.4

（3）显微组织分析。对法兰及球阀阀体取样进行金相组织分析，分别沿法兰横截面（垂直于断口）、纵截面及球阀阀体研磨抛光后用氯化铁盐酸水溶液浸蚀，在金相显微镜下观察，图 6-12～图 6-14 所示为法兰横截面、纵截面及断口边缘的金相组织。图 6-15 为球阀阀体的金相组织，其组织为分布均匀的 α+β 两相组织，α 相呈亮色，具有面心立方晶格，是锌溶入铜中的固溶体；β 相呈暗色，是具有体心立方晶格的 CuZn 电子化合物，金相组织未见异常。

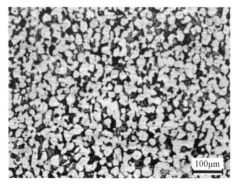

图 6-12　法兰横截面金相组织

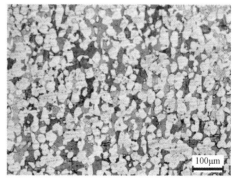

图 6-13　法兰纵截面金相组织

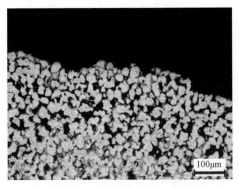

图 6-14　法兰断口边缘金相组织

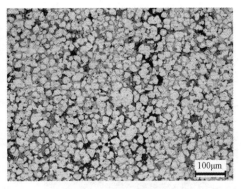

图 6-15　阀体金相组织

（4）扫描电镜分析。利用扫描电子显微镜观察断口的微观形态，同时进行能谱分析。图 6-16 所示为断口的电镜扫描图，表面可以观察到明显的沿晶特征，符合脆性断裂的微观形貌特征。图 6-17 所示为断口的能谱分析图，由图可见，断口铅元素含量较高，最高达 10.41%（Wt%）。能谱分析表明断口表面含有大量的铅元素，游离的铅质点在晶界发生了偏析。铅的分布不均匀，将影响黄铜的性能，使铅黄铜的强度及塑性降低。

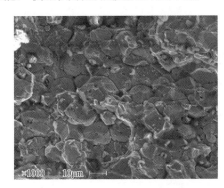

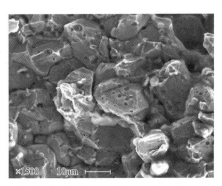

图 6-16　断口微观形貌

3. 综合分析

从断口宏观形貌分析，断面粗糙，呈颗粒状，显示断口脆性较大，断口没有明显的塑性变形迹象。因此从断口的宏观分析可以判定，法兰的断裂属于脆性断裂。

化学成分分析表明该 SF_6 球阀阀体及法兰材料的主要化学元素含量均符合 GB/T 5231—2012 中对材质 HPb59-1 铅黄铜的要求，材料的化学成分未见异常，材质未错用。

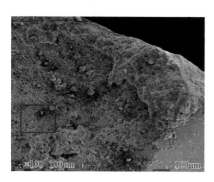

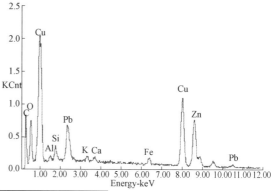

Element	Wt%	At%
CK	13.34	40.91
OK	06.67	15.35
AlK	00.62	00.85
SiK	01.43	01.87
PbM	10.41	01.85
KK	00.55	00.52
CaK	00.54	00.50
FeK	01.46	00.96
CuK	34.05	19.75
ZnK	30.93	17.43
Matrix	Correction	ZAF

图 6-17　断口能谱分析结果

从金相组织分析可知,法兰纵截面和横截面的金相组织均为分布均匀的 $\alpha+\beta$ 两相组织,组织均匀性好,金相组织未见异常。

从断口扫描电镜及能谱分析结果显示,断口表面微观形态呈典型的沿晶断裂特征,断口表面含有大量的铅元素,游离的铅质点在晶界发生了偏析,使其与基体相界面两侧存在很大的应变梯度,相界面区域为一薄弱环节,晶粒间在形变拉应力的作用下易产生应力集中,使铅黄铜的强度及塑性降低。

从结构上看,SF_6 球阀上的气体固定法兰和中间螺柱为两体结构,用锁紧螺栓将两者连接为一体,开裂即发生在锁紧螺栓的部位。

综上分析,SF_6 球阀上的气体固定法兰所用材质为 HPb59-1 铅黄铜,HPb59-1 铅黄铜是一种含铅量在 0.8%~1.9%的 $\alpha+\beta$ 两相黄铜,铅多以游离状态析出而存在于晶界上,造成基体的不连续性,如果铅的分布不均匀,将对黄铜性能产生不利影响,在法兰断口表面发现大量的铅元素,游离的铅质点在晶界聚集，相界面区域为一薄弱环节，裂纹极易在晶界形核与发展，由于铆钉孔以过盈配合插接法兰，因此插接装配过程中铆钉孔内壁受到明显挤压作用，沿内壁切线方向产生较大的拉应力，在长时间运行后容易产生应力集中，从而在晶界处发生脆性开裂。

4. 结论

本次 SF_6 球阀上的气体固定法兰断裂的主要原因是由于铆钉孔以过盈配合插接法兰，插接装配过程中铆钉孔内壁易产生应力集中，材料中游离的铅质点在晶界分布不均匀，裂纹极易在晶界产生，长时间运行后引发法兰脆性开裂。

5. 处理措施

（1）加强对同类型设备的现场检查工作，发现法兰出现明显变形或开裂现象时，应及时更换。

（2）建议采用低铅类铅黄铜，严控元素含量，加工前应完全退火，改善部件抗开裂能力。

三、长期服役变电站避雷针安全性评定分析

1. 案例简述

对两种类型的避雷针塔进行取样，第一种焊接类型的 1979 年投运的 7 号避雷针，已经运行将近 40 年；第二种螺栓连接类型的 1992 年投运的 5 号避雷针，已经运行将近 27 年。截取受力最大部位的塔材，分别进行宏观检查、材料成分分析、拉伸试验、冲击试验、金相显微组织观察、电镜及能谱分析、疲劳试验。

2. 检测结果

首先确定避雷针最大综合应力的位置，塔高 35m，针对两种形式的避雷针进行分析，一种是腹杆与主材间采用焊接将其焊在一起，另一种是角钢塔采用螺栓连接。

避雷针塔材料为 A3F，即为新标准中的 Q235A 钢，定义弹性模量为 206GPa，泊松比为 0.3，屈服强度为 235MPa。根据研究，避雷针塔受到的最大综合应力分布在 26.5m 高度处。

（1）宏观检查及尺寸测量。根据 GB/T 2694—2003《输电线路铁塔制造技术条件》的规定：表面有锈蚀、麻点、划痕时其深度不得大于该钢材厚度负允许偏差值的 1/2，且累计误差在负允许偏差内。

第一种焊接形式避雷针塔为某变电站 7 号避雷针，外观观察可知上下氧化程度差异明显，底部较新，氧化程度较轻，镀锌层完好，越往上越差，个别部

位镀锌层有脱落现象，如图 6-18 所示。

经尺寸测量，受力最大部位的塔材热轧圆钢，ϕ26mm、ϕ20mm 的直径尺寸偏差符合国标 GB/T 702—2008《热轧圆钢和方钢尺寸外形重量及允许偏差》的规定，直径 7～20mm，偏差为±0.4mm，直径 20～30mm，偏差为±0.5mm。

图 6-18　某变电站避雷针

螺栓连接的角板，外观无锈蚀，但有的螺栓变形、断裂，把连板分离，角板内部严重锈蚀，经了解，该避雷针曾经进行过重新涂刷，因此表面无锈蚀迹象，如图 6-19 所示。

图 6-19　避雷针锈蚀情况

对锈蚀的角板取样，进行镀锌层厚度测量，样品如图 6-20 所示，角板附有镀锌层的一侧，镀锌层厚度普遍在 200μm 以上，个别部位达到 1mm。参考 GB/T 2694—2010《输电线路铁塔制造技术条件》规定镀件厚度 T 不小于 5mm，镀锌层厚度最小平均值为 86μm。

图 6-20 角板的一侧附着镀锌层

但在角板的内侧锈蚀非常严重，氧化锈蚀层容易剥落，剥落层已达 7~8mm。

观察角板的横截面，可见表面曾经涂刷的分层现象，涂刷的覆层掩盖了钢材的锈蚀，钢材表面实际已坑洼不平，如图 6-21 所示。

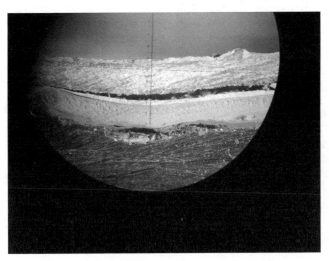

图 6-21 角板重复涂刷的覆层下钢材表面腐蚀

在角板横截面上还发现了腐蚀开裂现象，开裂起源于角板内侧的氧化锈蚀在应力的作用下开裂，这种腐蚀伴随开裂的现象非常危险，当钢材的有效厚度达不到应力要求的钢材厚度时就会发生断裂，从而引发避雷针倒塌事故，如图 6-22 所示。

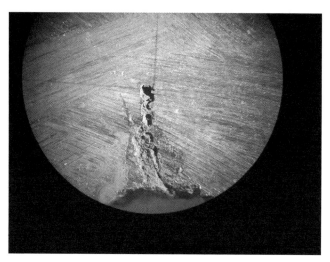

图 6-22　角板腐蚀伴随开裂

图 6-23　避雷针塔锈蚀情况

第二种避雷针塔为角钢螺栓连接形式，是某变电站 5 号避雷针，与第一种避雷针塔类似，同样是上下氧化程度差异明显，底部镀锌层较完整，越往上越差，上部角钢锈蚀严重，如图 6-23 所示。

经尺寸测量，受力最大部位的塔材角钢∠70×8、∠50×6，角钢边宽度及边厚度尺寸偏差符合 GB/T 706—2008《热轧型钢》的规定，即边宽度不大于 56mm，边宽度偏差为±0.8mm，边厚度偏差为±0.4mm，边宽度＞50～90mm，边宽度偏差为±1.2mm，边厚度偏差为±0.6mm。

（2）成分分析。在两种避雷针塔的

应力最大部位取样进行成分分析，结果见表 6-4，两种避雷针塔材质成分符合国家标准。

表 6-4　　　　　　　　　　成 分 分 析 试 验 结 果　　　　　　　　单位：%

类型	试样规格	C	Si	Mn	P	S
某变电站 7 号避雷针	ϕ26mm	0.17	0.29	0.42	0.028	0.022
	ϕ20mm	0.18	0.33	0.45	0.032	0.020
某变电站 5 号避雷针	∠70mm × 8mm	0.18	0.30	0.46	0.031	0.025
	∠50mm × 6mm	0.19	0.32	0.44	0.027	0.024
Q235B GB/T 700—2006		≤0.20	≤0.35	≤1.40	不大于 0.045	不大于 0.045

（3）常温拉伸试验。在两种避雷针塔的应力最大部位取样的钢材常温拉伸试验结果见表 6-5。所检测试样屈服强度、抗拉强度、断后伸长率均符合标准要求。

表 6-5　　　　　　　　　　常 温 拉 伸 试 验 结 果

类型	试样规格	屈服强度（MPa）	抗拉强度（MPa）	断后伸长率（%）
某变电站 7 号避雷针	ϕ26mm	287	429	30
		287	429	28
	ϕ20mm	287	429	28
		287	429	27
某变电站 5 号避雷针	∠70mm × 8mm	287	429	30
		287	429	28
	∠50mm × 6mm	287	429	29
		287	429	28
Q235B　GB/T 700—2006		≥235	370～500	≥26

（4）弯曲试验。第二种类型避雷针塔的应力最大部位取样的钢材弯曲试验结果见表 6-6。所检测试样 180°弯曲试验结果均符合标准的要求。

表 6-6 角 钢 弯 曲 试 验 结 果

类型	试样规格	180°弯曲试验
某变电站 5 号避雷针	∠70mm×8mm	未见裂纹缺陷
		未见裂纹缺陷
	∠50mm×6mm	未见裂纹缺陷
		未见裂纹缺陷
Q235B GB/T 700—2006		无裂纹缺陷

（5）冲击试验。第二种类型避雷针塔的应力最大部位取样的钢材角钢的冲击试验结果见表 6-7。所检测试样冲击吸收能量均符合标准的要求。

表 6-7 角 钢 冲 击 试 验 结 果

类型	试样规格	冲击吸收能量（J）					
		1	2	3	4	5	6
某变电站 5 号避雷针	∠70mm×8mm	50	62	52	56	52	58
	∠50mm×6mm	64	80	82	74	68	66
Q235B GB/T 700—2006		≥27					

（6）金相试验。在两种避雷针塔的应力最大部位取样的钢材的金相试验结果见表 6-8。所检测试样金相组织符合 GB/T 700—2006《碳素结构钢》要求中对正火钢的要求，受力较大部位的钢材微观组织无变化，如图 6-24～图 6-27 所示。

表 6-8 金 相 试 验 结 果

类型	试样规格	金相组织	晶粒度	放大倍数	图号
某变电站 7 号避雷针	φ26mm	铁素体＋珠光体	7.6 级	200×	41
	φ20mm	铁素体＋珠光体	7 级	200×	42
某变电站 5 号避雷针	∠70mm×8mm	铁素体＋珠光体	7.3 级	200×	43
	∠50mm×6mm	铁素体＋珠光体	7.5 级	200×	44

图6-24　钢材微观组织（一）

图6-25　钢材微观组织（二）

图6-26　钢材微观组织（三）

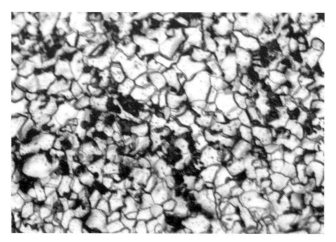

图 6-27 钢材微观组织（四）

（7）扫描电镜及能谱试验结果。对两种类型避雷针的钢材进行电镜及能谱检测，第一种类型避雷针角板内侧的电镜及能谱结果如图 6-28、图 6-29 所示。由图可见，角板内侧的致密金属已经完全被氧化腐蚀，材质结构疏松，能谱检测发现存在大量的氧元素，说明材料发生了严重氧化；另外发现会有钾等元素，还有雨水对材料的腐蚀，铁的含量仅为 22%，仅剩下氧化物及腐蚀产物，材料表面已经没有强度。

第二种类型避雷针角钢的电镜及能谱结果如图 6-30、图 6-31 所示。由图可见，角钢的氧化腐蚀也比较严重，铁的含量为 42%，说明材质已经被腐蚀。

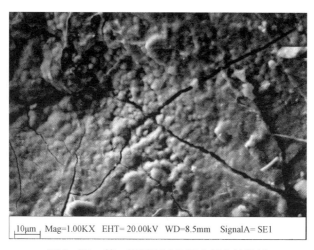

图 6-28 第一类避雷针角板内侧电镜结果

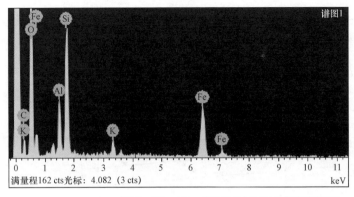

元素	重量百分比
CK	-4.29
OK	57.10
AlK	6.76
SiK	15.16
KK	2.49
FeK	22.79
总量	100.00

满量程162 cts光标: 4.082 (3 cts)

图6-29　第一类避雷针角板内侧能谱结果

20μm　　Mag=30X　EHT= 20.00kV　WD=8.5mm　SignalA= SE1

图6-30　第二类避雷针角钢电镜结果

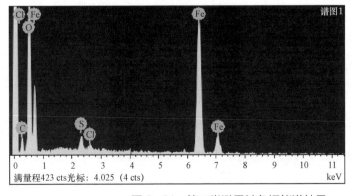

元素	重量百分比
CK	8.42
OK	47.95
SK	0.92
ClK	0.54
FeK	42.16
总量	100.00

满量程423 cts光标: 4.025 (4 cts)

图6-31　第二类避雷针角钢能谱结果

（8）疲劳性能试验。对运行年限较长的第一种类型的避雷针即某变电站7号避雷针，对受力较小和受力较大部位的塔材取样进行疲劳试验，结果如图6-32、图6-33所示。

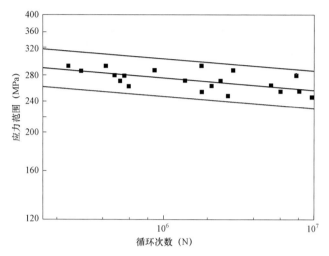

图6-32　受力较小部位试样的S-N曲线

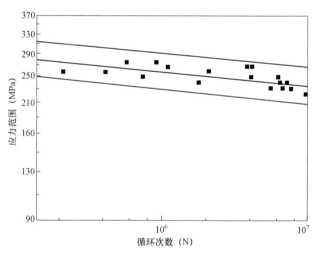

图6-33　受力较大部位试样的S-N曲线

结果可见，受力较小部位的疲劳强度（234.5MPa）与受力较大部位（226.5MPa）具有相当的疲劳强度，均接近Q235的屈服强度，在受到循环作用力情况下，最大受力部位未见明显的性能劣化。

角板连接的螺栓有的已经断裂，螺栓不但氧化腐蚀严重，断口上还发现有疲劳条纹，说明螺栓具有腐蚀疲劳的断裂特征，如图 6-34 所示。

图 6-34 螺栓断口检测结果

（9）剩余强度估算。对未达到更换条件且仍需服役一段时间的输电线路杆塔等一般钢结构部件可估算其剩余强度和安全寿命，进一步验证安全性。剩余强度按下式计算。

$$\sigma_c = \frac{100 K_{ISCC}}{Y \sqrt{10 \pi d}}$$

式中　σ_c——剩余强度，MPa；

　K_{ISCC}——应力腐蚀临界应力强度因子，MPa·$\sqrt{m}$；

　　Y——几何形状因子；

　　d——最大腐蚀深度，mm。

几何形状因子是最大腐蚀深度与原始厚度之比的函数，按下式计算

$$Y = \sqrt{\frac{2h}{\pi d} \tan \frac{\pi d}{2h}} \times \frac{0.752 + 2.02 \dfrac{d}{h} + 0.37 \left(1 - \sin \dfrac{\pi d}{2h}\right)^3}{\cos \dfrac{\pi d}{2h}}$$

式中　d——最大腐蚀深度，mm；

　　h——构件原始厚度，mm。

应力腐蚀临界应力强度因子按下式计算。

$$K_{ISCC} = \partial K_{IC}$$

式中　K_{IC}——材料的断裂韧性，MPa·$\sqrt{m}$；

　　　　∂——应力腐蚀安全系数（量纲1）。

材料的断裂韧性可根据材质查阅金属材料断裂韧性数据手册获得。应力腐蚀安全系数根据腐蚀环境不同取值见表6–9。

表6–9　　　　　　　　不同腐蚀环境分类应力腐蚀安全系数取值表

腐蚀环境分类	∂ 取值
C1	1.0
C2	0.5
C3	0.4
C4	0.3
C5 及以上	0.2

由腐蚀输电线路钢结构部件的剩余强度与无缺陷部件剩余强度（即设计能承受的极限载荷）之比可计算剩余强度因子 RSF。当 $RSF \geqslant 0.9$ 时，视为安全。

（10）安全寿命估算。

1）腐蚀速率的确定。

a. 直接测量。按 GB/T 19292.4 开展挂片试验，直接测量标准碳钢试样和标准锌试样的一年期挂片腐蚀速率，换算为年均腐蚀深度。杆塔镀锌层的腐蚀速率取标准锌试样的数据，钢铁基体的腐蚀速率取标准碳钢试样的数据。

b. 间接估算。构件厚度显著减薄时现场检测杆塔构件的局部最大腐蚀深度或镀锌层完好时用磁性法涂层测厚仪检测剩余镀锌层厚度（按 GB/T 4956 执行），分别按下式计算

Fe 腐蚀速率=局部最大腐蚀深度/投运时间

Zn 腐蚀速率=（构件原始镀锌层厚度–剩余镀锌层厚度)/投运时间

根据计算的 Fe 腐蚀速率或 Zn 腐蚀速率在附录 A 中的范围确定对应的腐蚀环境，再按不同腐蚀环境分类选取最大腐蚀速率，见表6–10。

表6–10　　　　　　　不同腐蚀环境分类对应的最大腐蚀速率

腐蚀环境等级	C1	C2	C3	C4	C5	CX
钢铁基体腐蚀速率（μm/a）	1.3	25	50	80	200	700
镀锌层腐蚀速率（μm/a）	0.1	0.7	2.1	4.2	8.4	25

2）剩余安全寿命。表面尚有镀锌层时，剩余安全寿命按下式计算

$$RL = \frac{t_{Zn}}{v_{Zn}} + \frac{200h}{v_{Fe}}$$

式中　RL——剩余安全寿命，a；

　　　t_{Zn}——剩余镀锌层厚度，μm；

　　　h——构件原始厚度，mm；

　　　v_{Zn}——锌腐蚀速率，μm/a；

　　　v_{Fe}——铁腐蚀速率，μm/a。

当镀锌层已消耗完、产生黄锈时，剩余安全寿命按下式计算

$$RL = \frac{1000t - 800h}{v_{Fe}}$$

式中　RL——剩余安全寿命，a；

　　　t——构件最小剩余厚度，mm；

　　　h——构件原始厚度，mm；

　　　v_{Fe}——铁腐蚀速率，μm/a。

四、结果分析

（1）经宏观检查，避雷针上下氧化程度差异明显，个别部位镀锌层有脱落现象。经了解，该避雷针曾经进行过重新涂刷。螺栓变形、断裂，角板内部严重锈蚀，锈蚀的角板附有镀锌层的一侧，镀锌层厚度普遍在 200μm 以上，个别部位达到 1mm。角板的内侧氧化锈蚀剥落层已达 7~8mm，表面曾经涂刷出现了分层现象。在角板横截面上还发现了腐蚀开裂现象，开裂起源于角板内侧的氧化锈蚀。

（2）经电镜及能谱检测结果可见，某变电站 7 号避雷针角板内侧的致密金属已经完全被氧化腐蚀，材质结构疏松，氧化严重，铁的含量仅为 22%，材料表面已经没有强度。第二种类型避雷针，角钢的氧化腐蚀也比较严重，铁的含量为 42%，说明材质也已经被腐蚀，但腐蚀程度相对较轻。

（3）对运行年限较长的第一种类型的某变电站 7 号避雷针进行疲劳性能试验，塔材螺栓不但氧化腐蚀严重，断口上还发现有疲劳条纹，说明螺栓具有腐蚀疲劳的断裂特征。

避雷针塔在使用过程中受到温度变化和腐蚀环境的影响相对很小，其疲劳

破坏主要是由受风载荷作用，导致其钢结构上承受复杂交变应力而引起的，因此避雷针塔材的疲劳属于机械疲劳，螺栓的疲劳属于腐蚀疲劳。避雷针塔塔材未发生疲劳损伤；疲劳寿命比较长，能满足要求，螺栓的腐蚀疲劳也是避雷针塔发生损坏的主要原因。

五、35kV 某线路 34 号杆塔 C 相导线断线原因分析

1. 案例简述

2019 年 5 月 26 日 12 时 06 分，35kV 某线路 34 号杆塔 C 相导线 T 接处烧断（见图 6-35），事故时导线载流量为 2.8A。该线路于 2001 年 3 月投运，线路长度 11.72km，导线型号分别为 JL/G1A-150/25 和 JL/G1A-240/40。T 型线夹为螺栓型，型号 TL-44。

故障当时天气情况为暴雨、雷电天气，风速 31m/s，相对湿度 80%。保护动作情况：12:04:53 过电流 Ⅱ 段动作，311 开关跳闸，开关分位；12:04:54 重合闸动作，311 开关合位，重合良好；12:06:35 过电流 Ⅱ 段动作，311 开关跳闸，开关分位；12:06:36 重合闸动作，311 开关合位，重合良好；12:06:38 电流加速度段动作，311 开关再次跳闸，重合不良。

当地电网雷电定位系统查询结果：2019 年 5 月 26 日 12:04:49 主放电（含 1 次后续回击），电流幅值为 6.1kA，与此次故障时间、位置一致，如图 6-36

图 6-35 某线路 34 号杆塔 C 相
大号侧导线烧断概貌

所示。

2. 检测项目及结果

（1）宏观检查。34 号杆塔 C 相线路由导线 1、T 型线夹、导线 2 组成，其中导线 1 和导线 2 分别为钢芯铝绞线 JL/G1A-150/25 和 JL/G1A-240/40，T 型线夹型号为 TL-44。导线 1 断口在距 T 型线夹左侧 0cm，距 T 型线夹右侧约 10cm 处，如图 6-37 所示。

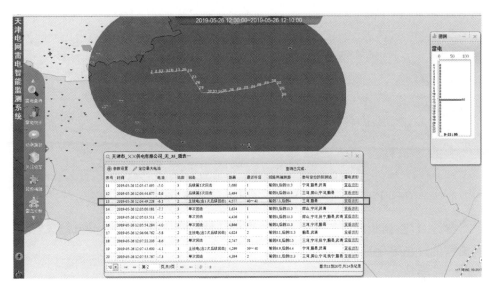

图6-36　电网雷电定位系统查询结果

　　T型线夹左侧向下变形，断口发黑，局部熔化，呈蜂窝状并有碳化痕迹。线夹中部断口发黑、局部熔化。右侧向下变形程度较轻，断口外边缘圆润，内边缘锋利，可见拉伸断裂痕迹，线夹内部有铝包带熔化粘黏，如图6-38、图6-39所示。线夹背部螺栓连接处可见明显灼烧变形痕迹，并存在铝线熔化后粘黏的银灰色残留物，线夹背部右侧螺栓烧蚀痕迹明显、烧蚀沟较深，左侧螺栓烧蚀痕迹较浅，如图6-40所示。线夹内部残留铝线熔化后的银灰色残留物，部分铝线熔化粘黏在线夹右侧内表面，线夹左侧内表面可见轻微锈蚀、灰尘，如图6-41所示。

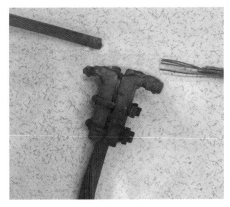

图6-37　导线1、T型线夹、导线2组合形貌

图6-38　T型线夹侧面形貌

图6-39 线夹顶面断口形貌

图6-40 T型线夹背面烧灼形貌

导线 1 左侧断口钢芯发黑,铝线熔化粘黏,断口端头熔化为椭球形结头,是典型的过热熔化型断口,如图6-42所示。

图6-41 线夹内部铝线粘黏形貌

图6-42 导线1左侧断口

右侧断口参差不齐,部分铝线呈烧灼型缺口,高温熔化后黏附在钢芯表层(见图6-43),5根铝线断口可见韧窝或撕裂棱等韧性断裂特征(见图6-44),3根钢芯断裂处可见明显拉细颈缩现象(见图6-45),断口正面呈圆弧状(见图6-46),是典型的拉应力导致的脆性断裂。

(2)化学成分分析。导线 1 和导线 2 铝绞线表面覆盖黑色氧化皮,去除表面氧化物,导线基体完好(见图6-47、图6-48)。钢芯表面附着褐色氧化物,去除表面氧化物,导线基体完好(见图6-49、图6-50)。对导线 1 和导线 2 基体进行成分分析,铝绞线材质为纯铝,钢芯材质为低碳钢,检测结果符合GB/T 3955—2009《电工圆铝线》、GB/T 3428—2012《架空绞线用镀锌钢线》要求。

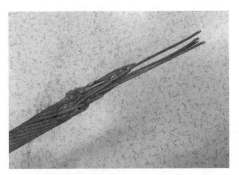

图 6-43　铝线烧灼型缺口

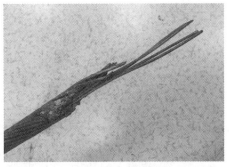

图 6-44　韧窝或撕裂棱型铝线断口

图 6-45　钢芯拉细颈缩现象

图 6-46　钢芯圆弧状断口

图 6-47　铝线表面氧化情况

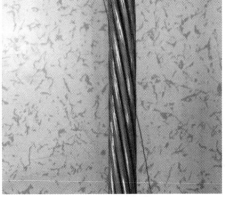

图 6-48　铝线基体

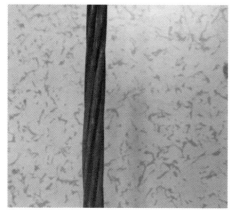

图 6-49 钢芯表面氧化情况

图 6-50 钢芯基体

（3）尺寸检测与力学试验。

1）对导线 1 和导线 2 进行宏观尺寸检测，导线 1 绞线直径为 17.15～17.26mm，钢芯直径为 6.23～6.31mm，导线 2 绞线直径为 21.73～22.16mm，钢芯直径为 7.79～7.93mm，检测结果符合 GB/T 1179—2017《圆线同心绞架空导线》要求，单线直径详见表 6-8。

2）导线 1 型号为 JL/G1A-150/25，依据 GB/T 17048—2009《架空绞线用硬铝线》、GB/T 3428—2012《架空绞线用镀锌钢线》，采用电子万能试验机（CMT5105）对导线的铝单线和钢芯单线进行抗拉强度试验。

试验结果表明，铝单线的抗拉强度符合 GB/T 17048—2017《架空绞线用硬铝线》对铝股线的相关技术要求，试验结果见表 6-11。

表 6-11 铝绞线单线力学性能

试样类别	直径（mm）	抗拉强度（MPa）
第 1 层铝丝 1～1 号	2.72	182
1～2 号	2.72	195
1～3 号	2.71	197
1～4 号	2.75	189
1～5 号	2.73	189
1～6 号	2.72	189
1～7 号	2.71	196
1～8 号	2.74	190

续表

试样类别	直径（mm）	抗拉强度（MPa）
1～9 号	2.73	183
1～10 号	2.72	178
1～11 号	2.71	176
1～12 号	2.72	185
1～13 号	2.73	192
1～14 号	2.74	191
1～15 号	2.74	185
1～16 号	2.73	184
第 2 层铝丝 2～1 号	2.71	187
2～2 号	2.75	183
2～3 号	2.72	196
2～4 号	2.74	187
2～5 号	2.73	179
2～6 号	2.74	188
2～7 号	2.72	180
2～8 号	2.71	190
2～9 号	2.74	192
2～10 号	2.73	195
硬铝线指标	标称直径 $2.50 < d \leqslant 3.00$	170

经检测，钢芯单线的各项性能指标均符合 GB/T 3428—2012《架空绞线用镀锌钢线》的要求，试验结果见表 6-12。

表 6-12　　　　　　　　钢 芯 单 线 力 学 性 能

试样类别	直径（mm）	抗拉强度（MPa）
外层钢丝 1～1 号	2.19	1389
1～2 号	2.18	1401
1～3 号	2.12	1412
1～4 号	2.22	1378

试样类别	直径（mm）	抗拉强度（MPa）
1～5 号	2.20	1403
1～6 号	2.17	1417
内层钢丝	2.21	1379
镀锌钢线指标	标称直径 1.24<d≤2.25	1340

3）导线 2 型号为 JL/G1A－240/40，依据 GB/T 17048—2009《架空绞线用硬铝线》、GB/T 3428—2012《架空绞线用镀锌钢线》，采用电子万能试验机（CMT5105）对导线的铝单线和钢芯单线进行抗拉强度试验。

试验结果表明，铝单线的抗拉强度符合 GB/T 17048—2017《架空绞线用硬铝线》对铝股线的相关技术要求，试验结果见表 6－13。

表 6－13　　　　　　　铝绞线单线力学性能

试样类别	直径（mm）	抗拉强度（MPa）
第 1 层铝丝 1～1 号	3.45	176
1～2 号	3.46	178
1～3 号	3.45	169
1～4 号	3.43	185
1～5 号	3.42	168
1～6 号	3.43	172
1～7 号	3.45	173
1～8 号	3.42	176
1～9 号	3.45	185
1～10 号	3.44	180
1～11 号	3.46	168
1～12 号	3.43	168
1～13 号	3.41	172
1～14 号	3.42	186
1～15 号	3.46	183
1～16 号	3.41	195

续表

试样类别	直径（mm）	抗拉强度（MPa）
第 2 层铝丝 2～1 号	3.42	191
2～2 号	3.41	186
2～3 号	3.39	181
2～4 号	3.38	179
2～5 号	3.40	188
2～6 号	3.45	172
2～7 号	3.41	190
2～8 号	3.39	186
2～9 号	3.38	191
2～10 号	3.40	185
硬铝线指标	标称直径 3.00<d≤3.50	165

经检测，钢芯单线的各项性能指标均符合 GB/T 3428—2012《架空绞线用镀锌钢线》的要求，试验结果见表 6–14。

表 6–14   钢 芯 单 线 力 学 性 能

试样类别	直径（mm）	抗拉强度（MPa）
外层钢丝 1～1 号	2.75	1377
1～2 号	2.74	1389
1～3 号	2.71	1378
1～4 号	2.72	1401
1～5 号	2.73	1396
1～6 号	2.72	1399
内层钢丝	2.71	1406
镀锌钢线指标	标称直径 2.25<d≤2.75	1310

3. 综合分析

由导线 1 断口可知，导线 1 右侧部分铝线灼烧、局部熔化严重（铝线熔点 660℃），结合事故发生时天气情况，可以判断导线该处遭受了绕击雷（一般绕击雷有以下特征：导线非线夹部位有烧融痕迹、结瘤现象、雷击断股）。

检查发现，T型线夹本体为铝合金，紧固螺栓为铁制件。铝的温度线胀系数为 $23 \times 10^{-6} 1/℃$，铁仅为 $12 \times 10^{-6} 1/℃$。当雷击导线导致温度升高时，由于铁、铝线胀系数不同，就产生了不同程度的热膨胀。这种膨胀差距使螺栓对与之接触的线夹本体产生附加压力，此压力在高温作用下会使铝发生变形，造成导线与线夹有效接触面积减少，并造成螺栓松动，接触压力下降。由 T 型线夹接触电阻计算公式 $R_j = (K/F^n) \times 10^{-3}$ 可知，接触电阻与接触压力、有效接触面积呈负相关。因此，T 型线夹处接触电阻逐渐增大。

接触电阻增大导致更大的电能损耗，从而使载流导体的温度升高，由此产生的发热功率为

$$P = K_f I^2 R$$

式中　　P——发热功率，W；

　　　　I——通过的电流强度，A；

　　　　R——接触电阻，Ω；

　　　　K_f——附加损耗系数。

上述一系列变化使 T 型线夹处温度升高，当温度超过铝的熔点时铝线发生灼烧熔化，进而导致接触电阻进一步增大，如此恶性循环，导致 T 型线夹及其周围导线处温度急剧增大。

因此，雷击导致线路温度升高，增大了 T 型线夹处的接触电阻，雷电流得不到及时泄放，导致线夹处温度急剧增加，超过了铝的熔点，造成线夹烧毁。铝的熔点低于钢制螺栓的熔点，螺栓过热熔化了接触部位的铝制线夹，导致线夹背部螺栓连接处存在明显灼烧变形痕迹及铝线熔化后的灰白色残留物。线夹烧毁导致与之相连的导线 1、导线 2 过热熔化，因此导线 1 左侧断口为粘黏状椭球形结头。线夹和导线局部高温熔化后残余部分在高温下抗拉强度大大降低，在导线和线夹自身拉应力的作用下断裂，因此线夹断口外边缘圆润、内边缘锋利，可见拉伸断裂痕迹，导线 1 右侧残存铝线呈韧窝或撕裂棱等韧性断裂特征，钢芯断口呈脆性断裂特征。

4. 结论

导线断线的主要原因为：绕击雷击中 T 型线夹处导线，造成铝线断股结瘤、导线过热，T 型线夹与导线之间接触电阻增大，导线整体发热造成线夹及与之接触的导线烧断，剩余部分在高温下抗拉强度下降，承受不了自身拉应力出现拉伸断裂，进而整根导线断线。

造成此次事故的因素主要有以下五种：

（1）雷击处距 T 型线夹过近，雷击发热直接导致线夹过热变形。

（2）整条线路未装设地线，仅在线路两端进行接地，导致雷电流不能及时泻放，导线及线夹发热。

（3）T 型线夹连接在主线上，线夹出现问题直接波及主线，该连接方式不合理，建议改为 T 型线夹连接到引流线（跳线）上。

（4）T 型线夹螺栓连接方式陈旧，建议改为压接连接，可以有效减小接触电阻。

（5）T 型线夹螺栓连接不牢固，左侧连接较右侧松动，线夹与铝包带、导线间存在缝隙，加之灰尘进入线夹与铝包带、导线之间，减小了接触压力，增大了接触电阻。

六、某二线球头挂环断裂分析

1. 案例概述

2007 年 10 月 7 日某二线 95 号塔绝缘子串球头挂环发生断裂，导致回路造成短路跳闸。

断裂的 QP–16 挂环 1994 年 10 月随线路投入运行。根据制造厂提供的资料，挂环材质为完全退火状态的 45 号钢锻件。

2. 宏观分析

断裂球头挂环的宏观形貌如图 6–51～图 6–55 所示。图 6–51 为断裂球头挂环的断面两侧，断口呈典型疲劳断裂形貌。断口分三个区域：疲劳源区、疲劳裂纹扩展区以及粗糙的瞬时破断区。由宏观裂纹源区可以观察到多个疲劳源，疲劳扩展区约占断裂面的 1/4。源区发黑发暗，疲劳扩展区域有锈迹。瞬时破断区是最后断裂区，约占整个断裂面的 3/4，断面粗糙、发亮，呈颗粒状，显示断口脆性较大。

疲劳区

图 6–51 断口形貌

断裂挂环有一侧环面磨损发黑，较另一侧及同时服役的未断裂吊挂环严重，如图6-56所示。显示挂环有单侧受力不均匀情况。

断口宏观分析表明，挂环断裂面有动应力作用下的疲劳断裂特征。

图6-52 失效挂环磨损情况

图6-53 失效挂环与正常挂环的比较形貌

图6-54 失效挂环与正常挂环及新挂环的形貌

图6-55 失效挂环形貌

图6-56 断口侧面形貌

3. 断口扫描电镜分析

图 6-57～图 6-59 显示：在裂纹扩展区前端可以发现典型的疲劳条纹，瞬断区呈现准解理形貌。在疲劳源附近，可以观察到放射状的花样。试样柱侧面表面凹凸不平，有平行的小裂纹。

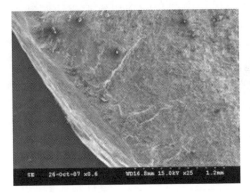
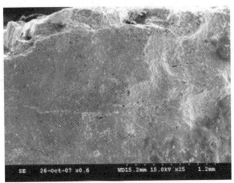

图 6-57　裂源区前端

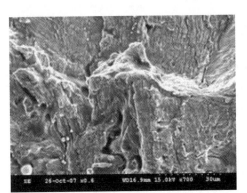
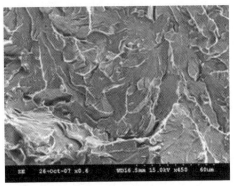

图 6-58　疲劳源区附近形貌

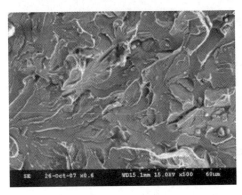
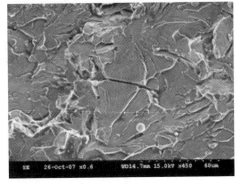

图 6-59　扩展区形貌

4. 微观金相组织分析

在断裂的球头挂环上球头侧断面附近（简称球头侧）及吊杆中部（简称柱侧）横截面切割并磨制金相试样，观察吊杆金相组织。为便于分析，一并列出 2007 年 3 月 31 日托源三线 301 号塔大同超高压段类似球头挂环断裂事故的分析结果，如图 6-60～图 6-69 所示。各试样相同部位的金相组织比较归纳见表 6-15。

表 6-15　　　　　　　　　　　试样显微组织及性能

试样编号	A	B	C	D	E
球头侧边缘	边缘存在凹坑，晶粒较细，组织为网状铁素体+索氏体	边缘存在凹坑，组织为网状铁素体+索氏体	越靠近表面组织越细，组织为网状铁素体+索氏体	边缘零点几毫米范围内有魏氏体组织出现，组织为网状铁素体+索氏体	细小的块状铁素体+片状珠光体
球头侧心部	组织为不均匀的网状铁素体+索氏体	组织为网状铁素体+索氏体	组织为网状铁素体+索氏体	组织为网状铁素体+索氏体+少量贝氏体形态组织	块状铁素体+片状珠光体
柱侧边缘	边缘粗糙，含有少量贝氏体形态的组织，存在凹坑。组织较心部细小但仍为网状铁素体+索氏体	边缘粗糙，存在凹坑。组织较心部细小但仍为网状铁素体+索氏体	越靠近表面组织越细，组织为网状铁素体+索氏体，且最边缘有贝氏体形态的组织	边缘是比中间还粗大的网状铁素体+索氏体，含有少量贝氏体形态的组织	细小的块状铁素体+片状珠光体
柱侧心部	很不均匀的网状铁素体+索氏体，且有贝氏体特征	很不均匀的网状铁素体+索氏体	很不均匀的网状铁素体+索氏体	网状铁素体+索氏体含有少量贝氏体形态的组织	块状铁素体+片状珠光体

注　试样 A 为此次断裂试样。

试样 B 为本次断裂试样同期服役没有断裂的试样。

试样 C 为 3 月份大同超高压供电公司断裂的试样。

试样 D 为生产厂家提供的新试样。

试样 E 为 C 试样同期服役没有断裂的试样。

根据厂家提供的热处理工艺（完全退火），挂环正常金相组织应该是块状铁素体+珠光体，类似于图 6-68、图 6-69 所示。而根据金相分析，挂环 A、B、C、D 的心部金相组织均不是正常的退火状态组织，且边缘含有少量贝氏体特征，尤其是 D（见图 6-66）边缘出现魏氏体组织特征。

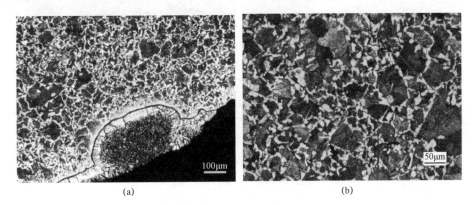

(a)

(b)

图 6-60 试样 A 的球头侧

(a) 边缘 100×；(b) 心部 200×

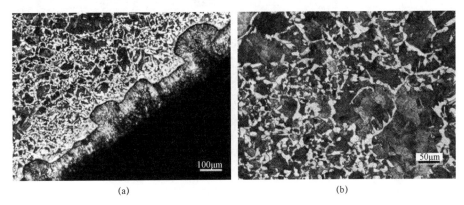

(a)

(b)

图 6-61 试样 A 的柱侧

(a) 边缘 100×；(b) 心部 200×

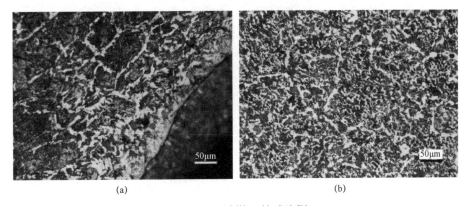

(a)

(b)

图 6-62 试样 B 的球头侧

(a) 边缘 200×；(b) 心部 200×

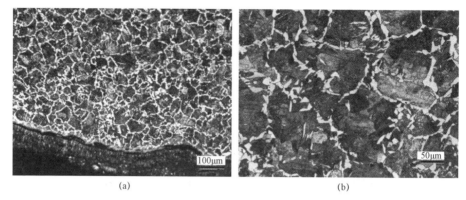

(a)　　　　　　　　　　　　　　　　　(b)

图 6-63　试样 B 的柱侧

（a）边缘 100×；（b）心部 200×

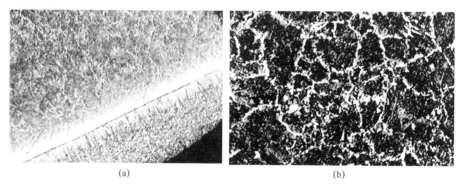

(a)　　　　　　　　　　　　　　　　　(b)

图 6-64　试样 C 的球头侧

（a）边缘 100×；（b）心部 200×

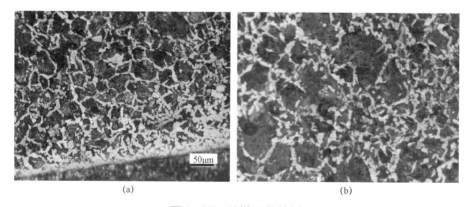

(a)　　　　　　　　　　　　　　　　　(b)

图 6-65　试样 C 的柱侧

（a）边缘 200×；（b）心部 200×

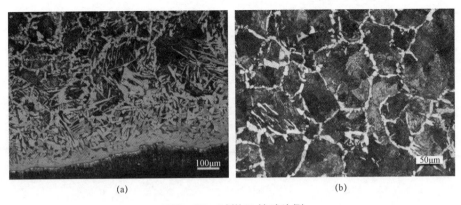

图 6-66 试样 D 的球头侧

（a）边缘 100×；（b）心部 200×

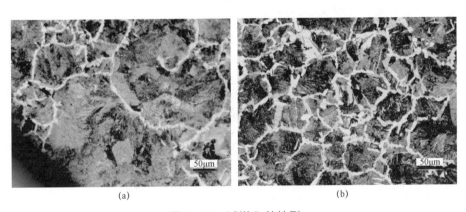

图 6-67 试样 D 的柱侧

（a）边缘 200×；（b）心部 200×

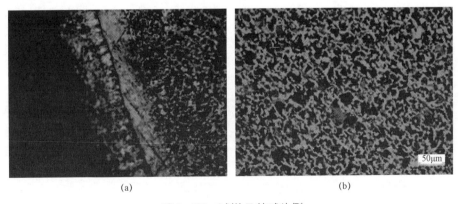

图 6-68 试样 E 的球头侧

（a）边缘 200×；（b）心部 200×

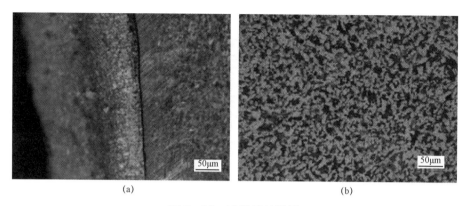

(a)
(b)

图6-69　试样E的柱侧

（a）边缘200×；（b）心部200×

5. 显微硬度及光谱元素分析

在挂环的横截面试样心部位置测显微硬度，结果表明，其中白色区域为铁素体，黑色区域为索氏体或片状珠光体。片状珠光体硬度范围为190HB～255HB，索氏体硬度范围为250HB～320HB，见表6-16。

表6-16　　　　　　　　　挂环试样显微硬度值

试样编号/显微硬度值	A	B	D	E
黑色区域（HV/HB）	252.91/248	264.21/260	231.45/229	252.82/248
白色区域（HV/HB）	221.6/220	—	189.55/188	—

显微硬度值测量位置如图6-70～图6-74所示。

图6-70　试样A

图6-71　试样B

图6-72　试样D（白色区域）

图6-73　试样D（黑色区域）

图6-74　试样E

对试样 A、B、C 使用丹麦 ARCMET90 型快速光谱元素分析仪对其主要化学成分进行检测。结果表明 C、Si、Mn 合金元素含量及 S、P 杂质元素含量符合45 号钢的成分要求。

6. 综合分析

（1）根据制造厂提供的工艺，吊挂环的最终热处理应为完全退火，其正常组织应为均匀的铁素体+珠光体。而本次断裂的吊挂环横截面心部金相组织为网状铁素体和索氏体，组织较粗大。铁素体组织强度低且呈现网状分布，将割裂组织连续性，裂纹容易沿着网状铁素体扩展。粗大的网状铁素体+索氏体混合组织存在韧性差的特点，从吊挂环的使用载荷环境考虑，不利于承受疲劳载荷和冲击拉力，抵御疲劳裂纹扩展的能力较正常组织差。横截面边缘存在贝氏体组织，具有硬而脆的特点，微裂纹容易萌生并扩展。

（2）由宏观分析可知，挂环单侧受力不均，侧面存在较严重的磨损。在各种应力叠加作用下，表面局部位置的凹坑等原始缺陷在应力集中达到一定程度后将会萌生形成疲劳裂纹源，磨损产生的局部微小缺陷在应力作用下也会萌生形成疲劳裂纹源，环境腐蚀介质的富集和浓缩也能够促进疲劳裂纹源形核和长大，故而疲劳断口表现出多源性特点。

（3）瞬断区面积占整个断面面积的 3/4，微观形貌呈现准解理特征。表明最后的断裂为脆性断裂且脆性很大。从挂环正常的设计要求看，即使挂环杆部的受力横截面积减少到原面积的 3/4，在正常的负荷变动范围内也不应当出现瞬时拉断。具有脆性特点的金相组织抵御裂纹扩展的能力差直接造成了脆性断裂提前发生。金相组织异常是导致挂环疲劳裂纹产生并扩展以及最后瞬时脆断失效的内在原因。

（4）按照制造厂提供的生产工艺，材质为 45 号钢的吊挂环正常的生产工艺为退火温度 830～860℃，炉冷至 550～650℃后出炉空冷。45 号钢的 A_{c1} 约 720℃，A_{c3} 约 770℃，按正常工艺热处理供货状态应为铁素体+珠光体均匀的金相组织。多起事故中的断裂吊挂环中均出现"网状铁素体、索氏体、贝氏体"等非退火组织。表明生产过程的热处理工序存在问题，断裂的吊挂环没有严格执行标准工艺生产。同时，有关制造厂提供的新品吊挂环及维护单位提供的同批次产品中也多数存在非退火组织的情况说明，热处理工序中存在的问题很可能是批次性的。

7. 结论

断裂的球头挂环中出现网状铁素体、索氏体、贝氏体等非退火组织。大量的网状铁素体导致组织韧性较差。表面存在的原始缺陷以及不均匀磨损在应力集中、介质腐蚀等因素促进下形成多个疲劳裂纹源，在疲劳动载荷作用下不断扩展。最终因挂环横截面上的应力超过其实际金相组织所决定的承载能力而出现脆性断裂失效。

七、某线 203～204 号输电铁塔耐张线夹内钢芯铝绞线断裂原因分析

1. 案例概述

2017 年 6 月 4 日，某线 203～204 号输电铁塔耐张线夹内钢芯铝绞线发生断裂，投产日期为 2009 年，导线型号为 LGJ－300/40，耐张线夹型号为 NY－300/40B。

2. 试验结果

（1）宏观检查。耐张线夹表面无明显的氧化腐蚀现象，也无明显的塑性变形，如图 6－75 所示。

耐张线夹内部，24 根铝股、7 根钢芯已全部断裂，铝股断裂在线夹铝管内，

断口参差不齐，都有颈缩现象，断裂的导线外层断口氧化严重，内层断口氧化程度较轻，有金属光泽，明显不是同一时期断裂，如图 6-76 所示。

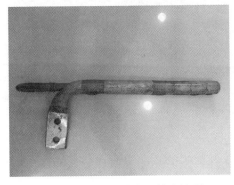

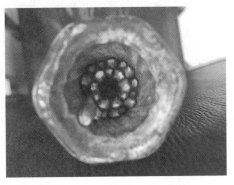

图 6-75　耐张线夹表面检查情况　　　　　图 6-76　耐张线夹内部导线断口

　　铝管压接部分如图 6-77 所示，外壁有飞边，根据标准 SDJ 226—1987《架空送电线路导线及避雷线液压施工工艺规程》中对液压操作的规定：对于 500kV 线路，已压部分如有飞边时，除锉掉外，还应用细砂纸将锉过处磨光。另外标准还规定施压时相邻两模间至少应重叠 5mm，该耐张线夹压接操作不规范。

　　剖开的线夹如图 6-78 所示，铝股导线断口参差不齐，大部分断裂位置在距铝管端口 15mm 处，断面有颈缩现象，如图 6-79 所示。压接铝管模与模之间有微小的起鼓，呈糖葫芦状，说明压接时相邻两模重叠不当，如图 6-80所示。

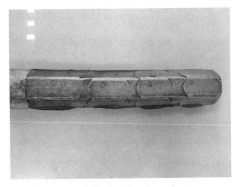

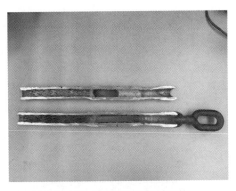

图 6-77　铝管压接部分　　　　　图 6-78　耐张线夹内部形貌

图 6-79　距铝管端口 15mm 处铝线断口　　图 6-80　压接铝管模与模之间的微小起鼓

钢芯断裂在钢锚内，如图 6-81 所示。

钢锚有较轻的氧化现象，压接的部位有肉眼可见的轻微变形，如图 6-82 所示。

 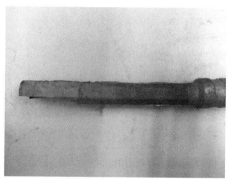

图 6-81　钢锚内钢芯断口　　　　　　　图 6-82　钢锚表面

剖开钢锚可见压接无异常，钢芯断裂在距钢锚端口 5mm 处，钢锚内壁呈黑色，如图 6-83 所示；钢芯颈缩明显，端头呈黑色，有龟裂，如图 6-84 所示。

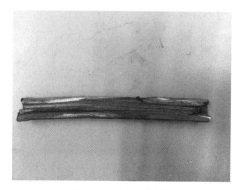 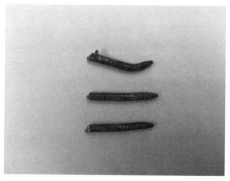

图 6-83　钢锚内部　　　　　　　　　图 6-84　钢锚内部钢芯

钢芯断裂部位对应的铝管内壁呈黑色,如图 6-85 所示,表明钢芯最终断裂,放电发热导致钢芯、钢锚内壁、铝管内壁颜色发黑。

耐张线夹坡口是防止在压接时导线与铝管产生应力集中。和新的耐张线夹对比,该耐张线夹的坡口不明显,如图 6-86 所示。

 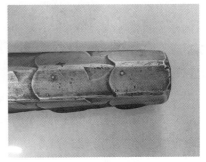

图 6-85 钢芯断裂部位对应的铝管内壁　　图 6-86 耐张线夹坡口对比

在 DL/T 5285—2013《输变电工程架空导线及地线液压压接工艺规程》4.3.4 规定:"3 层及以下铝线结构绞线铝压接管的坡口长度应不小于压接管外径的 1.2 倍;4 层及以上铝线结构绞线铝压接管的坡口长度应不小于压接管外径的 1.5 倍,并应设置合理的锥度。"该耐张线夹压接管的外径为 40.40mm,两层铝绞线中间夹钢芯,所以压接管的坡口长度应不小于 40.40×1.2=48.48mm,而此压接管坡口不明显,但鉴于该耐张线夹安装的年份较早,在 SDJ 226—1987《架空送电线路导线及避雷线液压施工工艺规程》中并无该项规定。

但是,在 GB/T 2314—2008（1997）《电力金具通用技术条件》的标准中规定:耐张线夹应考虑安装后,在导线与金具的接触区域,不应出现由于微风振动、导线震荡或其他因素引起的应力过大导致的导线损坏现象。耐张线夹应避免应力集中现象,防止导线或地线发生过大的金属冷变形。

在 DL/T 757—2009（2001）《耐张线夹》中也有上述规定。

该耐张线夹在压接后,尤其在端口无坡口或坡口不明显的情况下,在导线与金具的接触区域会存在应力集中,在微风振动、导线震荡时会引起应力过大,会导致铝股导线首先损坏和断裂。

（2）尺寸测量。

1）铝管。耐张线夹的挤压铝管未压接部分直径为 40.4mm,在 GB/T 2314—2008《电力金具通用技术条件》中对挤压铝管外径尺寸极限偏差的规定为:32mm <D≤50mm,极限偏差为+0.6mm,该耐张线夹的挤压铝管外径符合 GB/T 2314—

2008《电力金具通用技术条件》的标准要求。

铝管压接后实测的三个对边距分别为 34.10mm、34.20mm、34.18mm。

根据 DL/T 5285—2013《输变电工程架空导线及地线液压压接工艺规程》7.0.5 规定:"压接管压接后对边距尺寸 S 的允许值按式 $S=0.866k_s+0.2$ 选取,其中 S 为压接管六边形的对边距离(mm),D 为压接管外径(mm),k 为压接管六边形的压接系数;线路:钢芯、镀锌钢绞线、720mm^2 及以下导地线压接管 $k=0.993$。"另外,DL/T 5285—2013《输变电工程架空导线及地线液压压接工艺规程》7.0.6 规定:"三个对边距中只允许一个达到最大值。"

此压接管的外径 D 为 40.40mm,压接管压接后对边距尺寸 S 的允许值 $S=0.866kD+0.2=0.866×0.993×40.40+0.2=34.94mm$,全都小于 34.94mm,所以对边距符合 DL/T 5285—2013 的相关规定。

2)钢锚。钢锚未压接的尺寸已无法测量,按照 DL/T 757—2009《耐张线夹》中的规定,钢锚未压接的直径为 16mm,压接后实测的三个对边距分别为 13.86mm、13.77mm、13.82mm,误差较小,压接后的尺寸标准未做相关规定,经查阅文献,该钢锚压缩比为正常。

3. 成分分析试验

用便携式定量光谱仪对耐张线夹进行成分分析,耐张线夹铝管铝含量为 99.60%,满足 GB/T 2314—2008《电力金具通用技术条件》中规定的铝制压缩件应采用纯度不低于 99.5% 的铝;钢锚成分见表 6-17,满足 DL/T 757—2009《耐张线夹》中钢锚的要求,耐张线夹铝管及钢锚成分均符合标准要求。

经对铝绞线进行成分分析,铝含量为 99.62%,满足 GB 17048—1997《架空绞线用硬铝线》中规定的铝含量不小于 99.5% 的规定,对于钢芯,按照 GB/T 3428—2002《架空绞线用镀锌钢线》中规定使用 GB/T 4354—1994《优质碳素钢热轧盘条》,只规定了抗拉强度,标准要求为钢丝直径 2.66mm,抗拉强度不小于 1310MPa,因无试样,未能进行拉力检测,钢芯铝绞线的铝绞线成分符合标准要求。

表 6-17　　　　　　　　　　　耐张线夹钢锚成分分析　　　　　　　　　单位:%

试样 ＼ 成分	C	Si	Mn	S	P
钢锚	0.17	0.28	0.42	0.024	0.025
Q235	0.14～0.22	≤0.30	0.30～0.65	≤0.050	≤0.045

4. 金相检测

对钢芯进行了金相检测，在钢芯断裂的断口处取样，钢芯的芯部金相组织为正常的索氏体，如图 6-87 所示。

图 6-87 断口处钢芯芯部金相组织（200×）

钢芯的断口处表面有脱碳现象，并且表面组织晶界熔化，材料已经过烧，组织分别放大了 50、100、1000 倍的形貌如图 6-88～图 6-90 所示。

图 6-88 断口处钢芯表面金相组织（50×）

距离断口 10mm 处，钢芯表面仍然有过烧及脱碳组织，如图 6-91 所示；距离断口 20mm 处，钢芯表面组织正常，如图 6-92 所示。

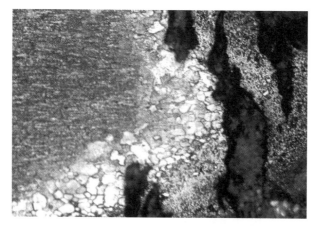

图 6-89 断口处钢芯表面金相组织（200×）

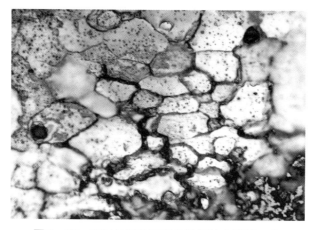

图 6-90 断口处钢芯表面金相组织（1000×）

图 6-91 距断口 10mm 处钢芯表面金相组织（200×）

图6-92 距断口20mm处钢芯表面金相组织（50×）

5. 电镜检测

对外圈的铝股在断口附近取样进行电镜检测，如图6-93、图6-94所示，在断口附近发现了明显的疲劳条纹，证明导线在微风振动作用下产生了疲劳。

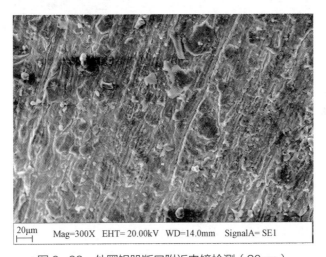

图6-93 外圈铝股断口附近电镜检测（20μm）

6. 试验结果的分析与讨论

（1）根据成分分析结果，耐张线夹的铝管、钢锚、钢芯铝绞线的成分均符合标准的规定。

（2）经尺寸测量，铝管和钢锚的压接尺寸均未见异常情况。

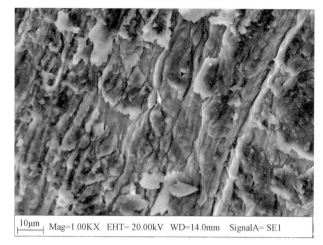

图 6-94　外圈铝股断口附近电镜检测（10μm）

（3）经宏观检查，该耐张线夹压接操作存在不规范行为，如耐张线夹在压接后，铝管压接部分外壁有飞边，相邻两模间重叠不明显，在钢锚的压接部位有肉眼可见的轻微变形。

铝管端部无坡口存在应力集中，关于坡口问题，在新标准 DL/T 5285—2013《输变电工程架空导线及地线液压压接工艺规程》已经做了更详细的规定，可见坡口存在的意义。

由于铝管端部无坡口或坡口尺寸不合理，微风振动、导线震荡引起应力过大，导致导线在与耐张线夹铝管端部接触的部位发生磨损和疲劳，造成外圈的铝股断裂损坏，相互的挤压磨损疲劳致使内圈铝线也相继断裂，所以铝股断口的新旧程度差异明显，因此导线的重力载荷及微风振动、导线震荡的载荷均加载到及钢芯上。

对于 LGJ-300/40 型导线，参照 SDJ 226—1987《架空送电线路导线及避雷线液压施工工艺规程》可知，钢芯和铝股的截面积分别为 $38.90mm^2$ 和 $300.09mm^2$，计算得钢芯和铝股的破断力分别占总破断力的 48% 和 52%，这说明该型号导线铝股部分要承受较大的破断力，导线铝股断裂损坏，致使本应该铝股承担的拉力转移到钢锚与导线的压接部位，造成了过载，最终导致了钢芯断裂，断裂时放电高热，所以钢锚和铝管内壁颜色发黑。

由于耐张线夹为非标件，不同的厂家、不同年代生产的产品都存在着差异，不同的产品压接后也有差异，同时也增加了现场压接施工的困难，对于压接质量目前也没有具体而统一的检验方法，因此对质量造成了一定的影响。

根据相关文献记录，受服役环境以及安装等因素的影响，线路线夹现已成为架空输电线路断线的薄弱环节。目前，线夹处断线归类为风振、舞动、应力集中等引起的疲劳断线和压接、氧化腐蚀等引起的温升断线。

经宏观检查，线夹和导线均未发现氧化腐蚀和温升熔断现象。

（4）经金相检验，钢芯的断口处表面有脱碳现象，并且表面组织晶界熔化，材料已经过烧，表明材料曾经经历了 1200℃以上的高温。这样高的温度，只有在铝股断裂后钢芯最后断裂放电时才有可能达到，若在钢芯先断裂而铝股未断裂的情况下铝股有载流量，钢芯断股也不可能达到 1200℃的高温而导致材料过烧。因此钢芯的过烧证明了钢芯为最终断裂。

（5）经电镜检测，在外圈铝股的断口附近发现了疲劳条纹，证明了导线在微风振动下产生了疲劳，并在与耐张线夹压接的应力集中部位首先发生断裂。

7. 结论与建议

（1）该耐张线夹内钢芯铝绞线断裂原因为，由于线夹铝管端部无坡口或坡口尺寸不合理，在压接后导线和线夹存在应力集中，导线在微风振动、震荡时产生了更大的应力，与耐张线夹铝管端部接触的部位发生磨损和疲劳，导致导线外圈的铝股断裂损坏，相互的挤压磨损疲劳使内圈铝线也相继断裂，致使本应该铝股承担的 52%的拉力转移到钢锚与导线的压接部位，造成了过载，最终导致了钢芯断裂，断裂时发生了严重的放电和高热，致使钢芯断口组织过烧。

（2）建议对同时期同批次同施工单位的耐张线夹加强检修检查，对红外检测存在温升现象有断股可能的线夹及导线及时进行更换处理。

（3）对肉眼可见已经变形的耐张线夹及导线有从线夹中脱出现象的耐张线夹及时进行更换处理。

（4）加装预绞丝，防止断线后出现恶性事故。

附录 A 金属腐蚀速率对应的腐蚀环境等级

金属腐蚀速率对应的腐蚀环境等级见表 A-1。

表 A-1　　　　　　　金属腐蚀速率对应的腐蚀环境等级

等级	金属的腐蚀速率 r_{corr} $\mu m/a$			
	碳钢	锌	铜	铝
C1	$r_{corr} \leq 1.3$	$r_{corr} \leq 0.1$	$r_{corr} \leq 0.1$	忽略
C2	$1.3 < r_{corr} \leq 25$	$0.1 < r_{corr} \leq 0.7$	$0.1 < r_{corr} \leq 0.6$	$r_{corr} \leq 0.2$
C3	$25 < r_{corr} \leq 50$	$0.7 < r_{corr} \leq 2.1$	$0.6 < r_{corr} \leq 1.3$	$0.2 < r_{corr} \leq 0.7$
C4	$50 < r_{corr} \leq 80$	$2.1 < r_{corr} \leq 4.2$	$1.3 < r_{corr} \leq 2.8$	$0.7 < r_{corr} \leq 1.8$
C5	$80 < r_{corr} \leq 200$	$4.2 < r_{corr} \leq 8.4$	$2.8 < r_{corr} \leq 5.6$	$1.8 < r_{corr} \leq 3.6$

注 1. 铝经受局部腐蚀，但在表中所列的腐蚀速率是按均匀腐蚀计算得到的，最大点蚀深度是潜在破坏性的最好指示，但这个特征不能在暴晒的第一年后用于评估。

2. 超过上限等级 C5 的腐蚀速率表明环境超出本表的范围。